U0175543

高等院校、科研机构及企业
数据分析方法

DATA ANALYSIS METHODS OF INSTITUTIONS
OF HIGHER LEARNING, SCIENTIFIC RESEARCH
INSTITUTIONS AND ENTERPRISES

——结构方程模型分析

杨晓鹏◎著

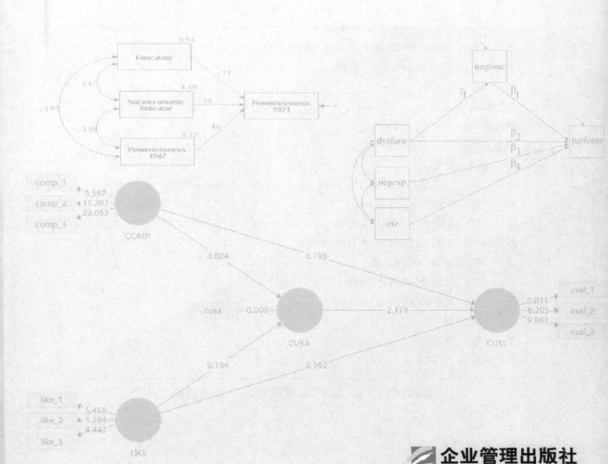

企业管理出版社

ENTERPRISE MANAGEMENT PUBLISHING HOUSE

图书在版编目（CIP）数据

高等院校、科研机构及企业数据分析方法：结构方
程模型分析 / 杨晓鹏著 . -- 北京：企业管理出版社，
2022.9

ISBN 978-7-5164-2631-9

Ⅰ.①高… Ⅱ.①杨… Ⅲ.①数据处理 Ⅳ.
① TP274

中国版本图书馆 CIP 数据核字（2022）第 088672 号

书　　　名：高等院校、科研机构及企业数据分析方法：结构方程模型分析
书　　　号：ISBN 978-7-5164-2631-9
作　　　者：杨晓鹏
策划编辑：周灵均
责任编辑：张　羿　周灵均
出版发行：企业管理出版社
经　　销：新华书店
地　　址：北京市海淀区紫竹院南路17号　　　邮　　编：100048
网　　址：http://www.emph.cn　　　　　　　电子信箱：26814134@qq.com
电　　话：编辑部 （010）68456991　　　　发行部 （010）68701816
印　　刷：北京虎彩文化传播有限公司
版　　次：2022年9月第1版
印　　次：2022年9月第1次印刷
开　　本：710mm×1000mm　1/16
印　　张：14
字　　数：160千字
定　　价：68.00元

前　言

　　本书共分为 13 章，以通俗易懂的语言和大量的数据帮助读者理解 Amos、Mplus 和 SmartPLS 统计软件里的结构方程分析方法。第 1 章主要介绍结构方程模型的含义和概念；第 2 章主要介绍结构方程模型的 3 种分析软件，即 Amos、Mplus 和 SmartPLS，并介绍了 3 种软件的异同；第 3 章和第 4 章主要介绍结构方程模型路径图的构建方法和数据的收集；第 5 章主要介绍结构方程模型的设定、识别和估计；第 6 章是关于结构方程模型分析结果评价的内容，主要介绍怎样对分析结果进行评价、需要看哪些指标；第 7 章是结构方程模型修正的相关内容，主要介绍当模型拟合度较差时，怎样通过模型修正来提高模型的拟合度；第 8 章是关于反映型指标、形成型指标和二阶段分析的介绍；第 9 章和第 10 章介绍结构方程模型当中的调节效应和中介效应，包括连续型变量和类别型变量应该怎样进行分析，中介效应和调节效应是近年来出现比较多的模型分析方法，在普通的模型当中加入除自变量和因变量以外的中介和调节变量，使得模型更加具体化；第 11 章是关于多群体差异的比较分析，这一章也是近年来比较热门的分析方法，即通过比较多个群组之间的结构路径的差异，去寻找现实生活当中存在的现象；第 12 章主要介绍了潜在平均分析的内容；第 13 章是关于结构方程模型比较高级的分析方法，包括贝叶斯检验、混合回归分析、潜在成长模型和 MTMM 模型等内容。

本书在写作过程当中得到了多位好友的帮助，他们或提供文献资料，或协助整理图表，或对内容给予中肯的评价，在此表示感谢。本书得以出版还要感谢企业管理出版社的大力支持。

在本书的编写过程中难免有疏漏之处，希望得到读者和同行专家学者的批评、指正，以便进一步修订和完善。

杨晓鹏

2022 年 7 月

目　录

第 1 章
结构方程模型概述

1.1　结构方程模型的含义

结构方程模型（SEM）是以社会学和心理学领域开发的观测理论为基础，把验证性因子分析和计量经济学领域的联立方程式相结合的方法论。结构方程模型由测量模型和结构模型组合而成，测量模型反映的是验证性因子分析，结构模型反映的则是多元回归分析和路径分析。

结构方程模型具有前瞻性的特点，即模型当中包含了潜在变量和观测变量之间的关系、潜在变量和潜在变量之间的关系等，这些路径都是以理论为基础设定假设，再通过对假设进行分析得出结论。对数据进行结构方程模型分析时，必须以理论为基础设定研究模型，对研究模型与数据之间的匹配程度进行分析。结构方程模型的主要分析依据就是以理论为基础设定研究模型，观察数据对研究模型的支持程度。

例如，教育学者想要研究对学生成绩产生影响的变量有哪些，这些变量之间又有着什么样的关系。假定对学生成绩产生影响的变量有学习能力、学习热情和家庭环境等因素，我们对这几个变量之间的关系进行假设。学习能力、学习热情、家庭环境和学习成绩等变量在结构方程模型当中属于潜在变量，潜在变量在 Amos 里用 "unobserved variable" 来表示，在结构方程模型当中用椭圆来表示。使用结构方程模型进行研究时，首先需要找到模型当中的潜在变量，然后用椭圆来表示，之后在椭圆里赋予潜在变量的名称，如图 1-1 所示。确定了潜在变量之后，我们需要测量潜在变量的观测变量。例如，家庭环境的观测变量为家庭收入、家庭教育等因素；学习能力的观测变量为语言能力、数学能力等；学习热情的观测变量包括教育热情、职业热情等；学习成绩的观测变量包括语文成绩、数学成绩等。像这样的，测量潜在变量的变量称为观测变量，观测变量用正方形或者长方形来表示，如图1-2所示。

图1-1 潜在变量

用结构方程模型分析资料，首先要确定潜在变量，然后确定观测变量，最后再把潜在变量与观测变量用箭头进行连接（我们还以上例来演示这个过程），如图1-2所示。这时箭头的指向是从潜在变量指向观测变量，我们把这种形态称为反映型指标。如果箭头是从观测变量指向潜在变量，则称为形成型指标。Amos软件里用的都是反映型指标，而SmartPLS软件里则反映型指标、形成型指标都能使用。

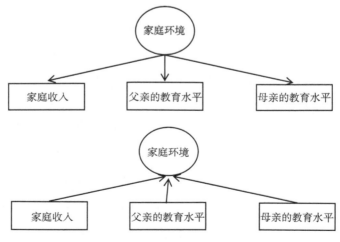

图1-2 潜在变量和观测变量之间的关系

潜在变量里都包含着观测变量，观测变量是潜在变量的下一级变量。在研究当中是把潜在变量之间的关系用箭头表示，然后把潜在变量之间的关系假设化来进行研究。例如，我们要研究家庭环境对学习成绩产生的影响，就可以用图 1-3 所示的关系来展开研究。

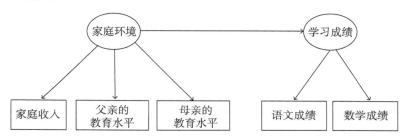

图 1-3　潜在变量之间的关系

如图 1-3 所示，假设家庭环境很好，那么学生的学习成绩也会很好，即所设定假设的方向为正（＋）方向。这种情景就是以家庭环境为原因、学习成绩为结果的因果关系。一般来说，我们在分析这种因果关系时用到的分析方法为回归分析或者路径分析，但是这两种方法在分析因果关系时有一定的局限性：回归分析的局限性在于自变量可以有多个，而因变量自始至终必须只有一个；路径分析虽然可以对多个自变量和多个因变量进行分析，但使用的是观测变量，对于信息的处理也不完整。为了克服这种局限性发明了 SEM 分析方法，即结构方程模型。

使用结构方程模型分析数据时，研究者首先要考虑的是要研究哪几个潜在变量之间的关系。理由是，潜在变量之间不是随便连接的，而是要根据理论基础的支撑和现实情况的梳理才可以进行连接。例如，我们想要研究家庭环境、学习能力和学习欲望、学习成绩之间的关系，首先要根据这几个变量之间的理论关系构建模型，如图 1-4 所示。

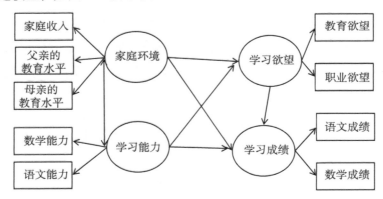

图 1-4　潜在变量之间的结构关系

为了研究图 1-4 所示结构关系构成的模型，假设我们收集了 200 名学生的资料，模型的协方差矩阵如图 1-5 所示。

变量	Y_1	Y_2	Y_3	Y_4	X_1	X_2	X_3	X_4	X_5
Y_1	1.036								
Y_2	0.771	1.122							
Y_3	1.013	0.923	1.823						
Y_4	0.724	0.674	1.279	1.278					
X_1	0.562	0.530	0.869	0.673	0.823				
X_2	0.443	0.321	0.631	0.562	0.232	0.671			
X_3	0.322	0.233	0.655	0.473	0.564	0.562	0.714		
X_4	0.581	0.549	0.894	0.701	0.453	0.433	0.374	0.437	
X_5	0.429	0.499	0.882	0.629	0.462	0.389	0.331	0.629	0.872

图 1-5　模型的协方差矩阵

第 2 章
Amos、Mplus 和 SmartPLS 的介绍

者因变量的研究已经无法对现实状况进行很好的说明，增加调节变量和中介变量更能够对现实进行既准确又全面的研究。

（2）调节变量。调节变量是指对自变量和因变量之间的关系起着调节作用的变量，被称为第 2 自变量。也就是说，自变量和因变量的关系是随着调节变量的大小进行改变的，调节模型如图 3-2 所示。

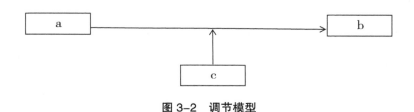

图 3-2　调节模型

图 3-2 中，自变量为 a，因变量为 b，调节变量为 c，a 对 b 产生的影响是随着 c 的大小而改变的。例如，随着 c 的增大或者减小，a 对 b 产生的影响也会发生变化，即增大或者减少。在对调节变量进行分析时，调节变量是作为自变量来使用的，所以被称为第 2 自变量。

（3）中介变量。中介变量是介入自变量和因变量之间的变量，对自变量和因变量之间的关系有着说明的作用。自变量对因变量产生的影响关系，既可以是直接的影响关系，也可以是自变量通过中介变量对因变量进行说明的关系。在一般情况下，自变量对因变量直接产生影响的案例不多。大多数情况下，中间有个中介变量，通过中介变量对结果产生说明关系。中介变量对自变量而言是结果变量，而对因变量而言又是原因变量。中介模型如图 3-3 所示。

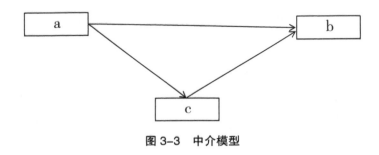

图 3-3　中介模型

图 3-3 中，自变量为 a，因变量为 b，中介变量为 c，自变量对因变量可以产生直接的影响，又可以通过中介变量 c 对因变量 b 产生影响。a 对 b 产生的影响为直接效应，而 a 经过 c 对 b 产生的影响是中介效应。验证中介效应的方法有很多种，具体的内容我们在后面的章节中会进行详细地说明。

3.2　假设的设定

假设是指用来说明两个或者两个以上变量之间关系的陈述。假设分为两种，一种是描述性假设；另一种是关系型假设。描述性假设是指对变量的分布、形态和大小进行说明的假设。例如，"今年的失业率不超过 5%"，就是描述性假设。描述性假设在一般的研究当中使用得不是很多，通常使用的是关系型假设。结构方程模型当中的所有的假设都是关系型假设。关系型假设是用来说明两个或者两个以上变量之间关系的假设。例如，"消费者的满意度对消费者的忠诚度产生积极的影响"，这里的变量就是消费者的满意度和忠诚度。

变量之间的关系可以分为相关关系和因果关系。相关关系是两个或者两个以上变量之间的相关关系，即非方向性关系。因果关系是两个变量之间原因和结果之间的关系，即方向性关系，是一个变量的变化可以引起另一个变量变化的现象。

关系型假设分为方向性假设和无方向性假设。方向性假设就是随着一个变量的变大或者变小，另一个变量也会发生变大或者变小的现象，或者是一个变量对另一个变量产生正向或者负向的关系。例如，"服务质量越好，消费者的满意度会越高"。无方向性假设是两个变量之间关系的方向没有明确地给出。例如，"员工的组织承诺与离职意愿之间存在关系"。

3.3 构建模型需要考虑的问题

在结构方程模型当中，研究者在构建模型时需要考虑以下几个问题：第一，关于设定潜在变量之间关系的问题（结构模型的设定）；第二，关于设定潜在变量与观测变量之间关系的问题（测量模型的设定）。下面我们来具体看一下。

（1）关于潜在模型的设定。在对潜在模型进行设定时，一定要区分外生潜在变量和内生潜在变量。外生潜在变量通常是我们所说的自变量，即对其他变量产生影响的变量；而内生潜在变量是指因变量或者中介变量，即受到其他变量影响的变量。通常情况下，虽然内生潜在变量是作为因变量出现的，但是有的时候也可以对其他的内生潜在变量产生影响。一般情况下，内生潜在变量是不可能完全由其他变量来进行说明的，会存在误差项，这种误差被称为结构误差。

（2）关于测量模型的设定。在结构方程模型当中，通常情况下观测变量是作为潜在变量的反映型指标来进行设定的。所谓的反映型指标是指在潜在变量和观测变量关系当中，箭头的方向是由潜在变量射向观测变量的。反映型指标的意义在于潜在变量是由几个观测变量组成的。在结构方程模型当中，大部分的模型设定都是反映型指标，还有一种是形成型指标。所谓的形成型指标是指在潜在变量和观测变量之间的关系当中，箭头的方向是由观测变量射向潜在变量的。形成型指标的意义在于观测变量对潜在变量是产生影响关系的。这种形成型指标一般在 SmartPLS 和 Ramona 软件当中才可以使用。图 3-4 所示为反映型指标，图 3-5 所示为形成型指标。

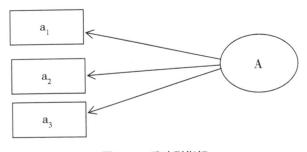

图 3-4　反映型指标

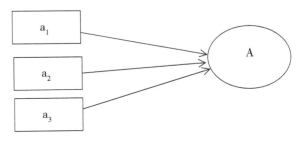

图 3-5　形成型指标

一般情况下，在结构方程模型当中，潜在变量是通过多个指标进行测量的。那么，每个潜在变量由几个观测变量来构成是合适的呢？虽然潜在变量至少需要一个观测变量，但是这种单一指标的潜在变量在信度上会存在很多问题，所以一般情况下不建议使用单一指标。很多学者认为，观测变量的个数在 3 个左右是最为合适的，虽然潜在变量的指标个数是没有上限要求的，但是实际情况下 5~7 个是最适合的。也就是说，在样本数量不多的情况下，每个潜在变量使用 3 个观测变量是最合适的；在样本数量多的情况下，每个潜在变量使用 5~7 个观测变量是最适当的。

在构建结构方程模型时，不仅要考虑观测变量的个数，还要考虑潜在变量的个数。当然，潜在变量的个数是根据研究者的目的进行设定的，但是潜在变量的个数也不宜太多，因为潜在变量的个数越多则模型就会越复杂，模型越复杂就会降低模型的拟合度。此外，潜在变量的个数越多，就需要越多的样本数量。但是，如果模型的潜在变量太少，又不能准确地反映现实。所以，研究者要根据自己的研究目的确定适当的研究模型。

3.4　路径图的构建

路径图是指模型当中变量之间的关系用绘制图的方式表现出来。路径图能够清楚地表明模型当中变量之间的假设关系。路径图当中的路径是指使用箭头连接的变量，变量之间的关系系数被称为路径系数，观测变量与潜在变量之间的路径系数被称为因子载荷量，潜在变量之间的路径系数则称为结构系数或者是路径系数。

在绘制路径图时，如果变量之间存在着因果关系，那么我们需要用箭头表示出来。变量与变量之间的关系不是研究者想当然地去进行连接的，而是根据现行研究和文献去进行设定的。哪些变量之间有因果关系、哪些变量之间没有因果关系都是需要正当的理论文献支撑的。我们在设定研究模型时，尽可能地用最少的因果路径关系来表达比较全面的研究内容，这才是结构方程模型需要达到的目的。

3.5 递归模型与非递归模型

在结构方程模型当中，研究者设定的因果关系模型有两种：一种是我们经常可以见到的递归模型，而另一种则是不常见的非递归模型。

所谓的递归模型是指潜在变量之间的因果关系是单方向的，即箭头是由潜在的自变量射向潜在的因变量的，自变量是因，因变量是果。图 3-6 所示为递归模型。

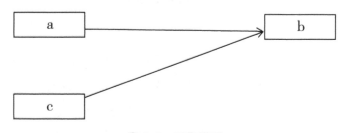

图 3-6　递归模型

所谓的非递归模型则是指潜在变量之间的因果关系是相互的，箭头既可以由潜在的自变量射向潜在的因变量，同时又可以由潜在的因变量射向潜在的自变量，自变量和因变量互为因果关系。图 3-7 所示为非递归模型。

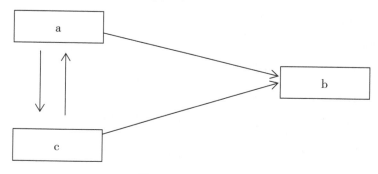

图 3-7　非递归模型

在 Amos 结构方程模型当中，如果研究者设定的模型为非递归模型，那么我们需要对潜在变量之间的相互影响关系是否安全或者稳定进行检验，这就是安全系数。如果安全系数的数值在 -1~1 的范围之内，那么我们就可以断定潜在变量之间的相互关系是安全的或者是稳定的，这时我们设定的模型与收集的资料数据之间的拟合度是相对较高的。如果安全系数的值不在 -1~1 的范围之内，即安全系数大于 1 或者小于 -1，这时潜在变量之间的相互关系是不安全或者是不稳定的，我们就可以判断设定的模型与收集的数据是不匹配的，这就需要更换模型或者重新收集数据再来分析安全系数。

3.6　多元概念的模型构建

我们在使用结构方程模型来构建模型概念时，通常情况下构建的是多元的模型。所谓的多元概念是指在一种理论的支撑下，可以使用多个概念模型共同来说明这种理论。例如，工作满意度这个概念中包含了很多个因素，有员工对工作的满意程度、对同事的满意程度、对领导的满意程度、对升职的满意程度和对工资的满意程度等多个因素，这几个因素相互连接共同构成了工作满意度这个概念。

多元概念可以根据概念与属性之间关系的方向性分为两种，一种是上层概念，另一种是综合概念。

如果关系的方向是由概念指向属性的，我们称这种形式为上层概念。上层概念一般是由多个属性表示出来的。如图 3-8 所示，有 A、B、C 3 个潜在变量，A 变量为上层概念，而 a_1、a_2、a_3 是组成上层概念 A 的几个属性。当然，a_1、a_2、a_3 也是潜在变量，也是由几个观测变量构成的。

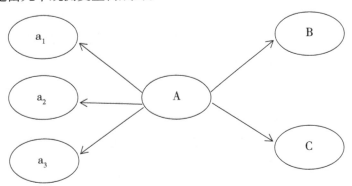

图 3-8　上层概念

所谓的综合概念就是关系的方向是由属性指向概念的。综合概念是由几个属性组成的，但是它的意义表示为属性影响概念。如图 3-9 所示。有 A、B、C 3 个潜在变量，A 变量为综合概念，而 a_1、a_2、a_3 是对综合概念产生影响的属性因素。当然，a_1、a_2、

a_3 也是潜在变量，也是由几个观测变量构成的。

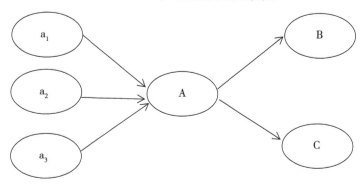

图 3-9　综合概念

综合概念与前面我们提到的形成型指标是不一样的，虽然形式上是相似的。形成型指标的观测变量是可以单独进行直接测量的；而综合概念当中的属性则是一个抽象概念，是不可以进行直接测量的。在软件当中，形成型指标是可以在 SmartPLS 软件当中自动生成的；而综合概念是不能自动生成的，需要一步一步地进行操作。

第 4 章
数据的收集与检验

态性；所有变量之间的关系都是线性的，也要符合等方差性。在现实生活当中，我们是不可能对所有变量的结合分布去进行分析的，但我们可以分析多变量非正态性的分布，用多变量非正态性分布来反向分析多变量正态性分布。例如，当分布不属于正态性分布时，如果我们使用 ML 法来对参数进行估计，得出的标准误差和统计量是不正确的，即得出的统计量系数会无限增大，会出现偏离的现象。这种情况下，我们可以使用 ADF 法进行分析，但是这种方法需要大样本来支撑。GLS 法虽然没有什么限制性条件，但是会增加模型的复杂性，所以也不经常使用。

在 Amos 当中，如果取资料的正态性分布进行分析，那么其前提条件就是数据资料当中必须没有缺失值。如果数据当中含有缺失值，那么 Amos 是不运转的。在对正态性分布进行分析时，如果峰度的值超过临界值，我们可以断定为非正态性分布，即临界值要符合 Z 分布。峰度在显著性水平为 0.01 时，其临界值为 2.58；显著性水平为 0.05 时，其临界值为 1.96。

在结构方程模型当中，假设检验分为模型拟合度检验和路径系数检验两种，其基本条件都是数据要满足正态性分布。如果数据不满足这一条件，那么模型拟合度的 χ^2 值就会无限增大，标准误差就会无限减小。虽然标准误差越小越好，但是非正态性分布的标准误差是不正确的。因此，我们在结构方程模型当中处理非正态性分布时，要注意以下 3 点：①拟合度统计量，在对路径系数进行计算时可以使用 GLS 法；②考虑到样本资料的非正态性分布，可以对 χ^2 和标准误差进行一定的调整；③可以使用 Bootstrapping 法进行路径分析。

当数据资料为非正态性分布时，在统计软件 LISERL 中使用 Satorra–bentlers rescaled χ^2 的方法进行分析，而在 Amos 当中则是使用 Bootstrapping 法对参数进行估计。和其他方法相比，Bootstrapping 得出的结果是比较安全和稳定的。

5.3　模型识别

　　所谓的模型识别就是样本的协方差矩阵与模型的契合程度，也可以说是计算自由参数的过程。在对模型进行识别时，所需要的信息量必须要多，这样才能使得数据与模型完全契合。在对模型进行识别时，首先要识别模型内所有变量的自由参数，如果能得到固有的参数值，那么就能证明模型是可以被识别的；如果得不到固有的参数值，那么就要对模型进行修改或者重新收集数据。

　　Amos 软件是以所观察到的变量之间的协方差矩阵为基础进行参数估计的统计软件。如果在模型识别的过程当中出现了运行中断或者是得出了不合理的结果，那么就能够证明所收集的数据与所设定的模型是不相符的，需要对模型进行修改或者重新收集数据。

　　模型识别分为 3 种类型，即过小识别模型、适当识别模型和过大识别模型。

　　所谓的过小识别模型就是在参数估计的过程当中，没有使用非常充分的信息数据。也就是说，在分析模型的参数时，由于样本量太少的原因，出现了模型与数据不相符的现象。过小识别模型的自由度为负值，需要估计的参数过多而信息数据太少。这种模型如果不把其中的参数进行固定或者进行限制，是不可能进行参数估计的。因为如果对模型当中的某一条路径进行参数固定的话，那么这条固定的路径就不需要进行参数计算，这样需要估计的参数的个数就会相对减少，这样就算是过小识别模型，参数的估计值也会变得精确。在 Amos 当中遇到过小识别模型，首先要选择一条路径进行参数限制，把参数设定为 0；其次就是两条路径的参数之间要取相同的数值，如 1，对模型进行限制。

所谓的适当识别模型就是研究者设定的模型与收集的数据之间是非常拟合或者契合的。也就是说，收集的数据正好能够完全反映设定的模型。在适当的模型当中，由于设定的模型与收集的数据是完全契合的，所以这种情况下的自由度为 0，而模型的拟合度也是呈现出非常完美的情况。但是，在现实的研究当中，适当识别模型通常是不存在的。

所谓的过大识别模型是指所收集的数据样本过多，而由于数据的数量过多，所以对模型产生了过多的说明效应。这种模型当中的参数估计值比资料矩阵里的信息量要少得多，所以这时的自由度为正数。在过大识别模型当中，参数的估计值有很多个，而 Amos 可以选取其中与数据资料最相符的参数值来进行分析和计算。

5.4　自由度

在模型识别的问题上，需要把握住参数估计的个数和协方差矩阵的个数。因为如果设定的模型为过大识别模型，那么协方差矩阵的信息量就要比估计的参数多；反之，则少。在结构方程模型当中，对模型进行识别最常使用的方法就是 t 统计量。所谓的 t 统计量是指协方差矩阵包含的资料信息不能比参数估计的个数少的验证统计值。例如，p 为观测变量的个数；有 p×p 的协方差矩阵；在协方差矩阵里有 p（p +1）/ 2 的资料数据值。当估计的参数的个数为 t 时，为了识别模型则需要满足 t ＜ p（p +1）/ 2 的前提条件，这就是 t 统计量。

协方差矩阵的个数和模型内的自由参数的个数之间的差异就是自由度。自由度的公式如下所示。

$$df=1/ 2 \left[p（p +1）\right] - t$$

在上面的公式当中，1/2 [p（p+1）] 表示的是相关矩阵的个数。例如，当观测变量为 13 个的时候，相关矩阵的个数为 1/2（13×14）=91 个。如果我们估计的自由参数的个数为 34，也就是 t =34，那么自由度就是 57=91–34。

在结构方程模型当中，自由度与其他多变量分析方法的不同点在于，参数估计的个数并不是随着样本量的变化而变化的，而是与矩阵内的元素个数进行比较的。结构方程模型中，样本量是为了计算标准误差而存在的，对自由度没有直接的影响关系。自由度可以说是模型的解释图，自由度是现有的信息数据减去自由参数的个数从而所剩余自由参数的个数。自由参数的个数越少，即自由度越大，模型的被解释能力就会越强。

5.5　问题识别诊断

问题识别是指至少一个以上的系数存在着很高的标准误差，或者是出现了非常不理想的参数估计值，还有参数估计系数之间存在着很高的相关系数等。当模型的识别存在一定的问题时，研究者需要检验一下出现识别问题的原因是什么，如自由参数的个数是否比相关矩阵的个数多，或者内生潜在变量之间是否存在着相互影响关系，又或者有没有对潜在变量的尺度进行设定等。为了解决模型当中的识别问题，我们需要对模型进行一定程度的限制，即把自由参数当中的一部分转变为固定参数的形式，以固定参数为基准来处理模型当中的识别问题；还有，就是把观测变量的测量误差设为固定形式，删除有问题的变量；最后，设定参数个数最优的结构模型。如果模型还是存在识别问题，那么我们就需要增加潜在变量的个数，让因果关系能够包容在整个结构模型当中，这样就能够很好地解决模型识别的问题。

5.6　模型估计

如果模型被成功识别，接下来就是从数据资料当中获取自由参数的参数估计值。所谓的模型估计就是计算模型当中包含的自由参数和制约参数的数值。要想得到自由参数的估计值，潜在变量的协方差矩阵和观测变量的协方差矩阵要相似，这样才能使得模型拟合度达到适当的标准。

在对参数进行估计时，Amos 软件给出的是参数的近似值，以近似值为基础来计算出第二个参数值。把近似值与第二个参数值进行比较，如果近似值与第二个参数值类似，那么我们就可以把第二个参数值看作母数值。如果近似值与第二个参数值不相等，就使用第二个参数值去估计第三个参数值。如果第二个参数估计值与第三个参数估计值之间的差异较小，就可以把第三个参数估计值作为最终的母数值来进行估计；如果两个数值之间的差异较距不大时，ML 和 GLS 也会对数据的分布量进行估计，使得估计出来的值不变。因此，ML 和 GLS 的参数估计量由于对分布形态和尺度没有要求，在对数据进行分析时，不管是使用相关矩阵还是使用协方差矩阵，最终都会得到相同的参数估计值。

在大样本的情况下，ML 和 GLS 的估计量会呈现出渐进效率性的特征，即参数估计值具有非偏性、一贯性和效率性的特征。非偏性是指估计值的期待值与实际参数之间是一致的；一贯性是指随着样本量的增大，样本参数的估计值与实际参数的估计值类似；效率性是指样本量越大，计算出来的结果就越具有代表性。

如果数据不符合正态性分布，但是又与正态性分布的差距不大，我们可以考虑使用 ML 和 GLS。如果数据的分布不呈正态性，而且与正态性相差很大，那么我们可以使用 ADF。在 Amos 当中如果没有特殊指定，一般是使用 ML。下面对每种估计方法的特性进行比较，如表 5-2 所示。

表 5-2　各种估计方法的特性

特性	ULS	GLS	ADF	ML	Scale-free
尺度从属法	√				
尺度自由法		√		√	√
渐进分布自由			√		
部分信息法	√				
完全信息法		√	√	√	√
反复观测法	√	√	√	√	√

从表 5-2 中我们可以得知，ULS 对观测变量的尺度的要求是

很高的，需要所有变量之间的尺度必须是一致的。ULS 这种方法把测量模型和结构模型及模型的路径系数分开进行分析，在分析结果方面存在着一定的局限性；而 GLS、ML 和 Scale-free 对观测变量的尺度是没有要求的，不管是连续型变量还是类别型变量，在分析时变量的尺度可以来回变换而不会对结果产生影响。因此，如果模型当中的变量之间的尺度不一致，建议使用 GLS、ML 和 Scale-free 等方法来进行分析。

ADF 对数据的分布是没有要求的，如果数据不呈现正态性分布，数据的分布与正态性分布之间差距很大，ADF 是最合适的分析方法。ADF 可以不考虑数据的分布状态，使用渐进自由法来对数据的参数进行估计，从而得出正确的参数估计值。GLS、ML 和 Scale-free、ADF 都属于完全信息法，即都是对整个测量模型和结构进行统一的参数估计，减少了参数估计的第一类错误。

第6章
结构方程模型的分析结果评价

小，就证明数据越能够说明模型的方差。RMR 是由样本数据的测量单位决定的。例如，测量单位是"米"，比起单位为"千米"时的数值要高，RMR 值也会变大。

为了解决上述问题，在 Amos 当中，使用了标准化的 RMR 值，也就是 SRMR。在 Amos 当中，在 "Plugins" 窗口的下面单击标准化 SRMR，再单击分析，就能够在结果窗口当中得到 SRMR 的值了。SRMR 是协方差矩阵的平均标准化了的值。在分析结果当中，SRMR 值没有绝对的标准，通常情况下模型拟合度越好，SRMR 的值就越接近于 0；模型拟合度越差，其值就会越大。通常情况下，我们习惯把 SRMR 值的标准定为 0.05 左右，分析出来的数值如果在 0.05 左右，就证明模型拟合度是合适的。SRMR 值也有一定的缺点，就是测量单位不同，其分析出的结果也会不同，这样一来我们就需要使用标准化后的值来进行计算。

6.2.4　GFI

GFI 是以观测变量的矩阵和再生矩阵之间的残差平方的比率为依据计算出来的，也是评价模型拟合度的标准之一。通常情况下，GFI 是不会受到样本量大小和正态性分布影响的，是能够比较客观地评价模型拟合度的客观指标之一。一般情况下，如果 GFI 的值在 0.9 以上、样本量大于 200，我们判断模型拟合度是没有问题的。GFI 的取值范围为 0~1，越接近 1，证明模型拟合度越好；越接近 0，证明模型拟合度越差。

6.2.5 AGFI

AGFI 是在 GFI 的基础上使用的拟合度指标。在结构方程模型当中，我们最终的目的就是对模型当中的参数进行估计。如果需要估计的参数的个数适当，我们使用 GFI 是没有问题的，但是当需要估计的参数的数量过多时，GFI 值就会存在一定的缺陷。这时能够弥补 GFI 值的就是 AGFI 值，AGFI 值是使用模型内的自由度来对 GFI 进行调整的值。AGFI 的取值范围为 0~1，越接近 1，证明模型拟合度越好；越接近 0，证明模型拟合度越差。当 AGFI 的值超过 1 时，证明资料与模型是完全过度拟合的，就成为一个过度拟合模型。当样本数量过少或者是拟合度很差的时候，AGFI 的值也会出现负数。这时，就需要修改模型或者重新收集数据。

6.2.6 PGFI

PGFI 是对拟合度指数 GFI 进行修正之后计算得出的拟合度指数值。AGFI 的估计是以预测模型和原模型的自由度为依据进行的，PGFI 则是以估计模型的简单性为基础求得的值。PGFI 的取值范围是 0~1，数值越大，证明模型的拟合度越高。但是，在先行研究当中没有给出明确的标准，所以在对模型的拟合度进行判断时，研究者往往会根据自己的经验去解释模型拟合度。

6.2.7 NFI

NFI 是基础模型与竞争模型进行比较的标准之一，即在对模型进行分析时对比基础模型、竞争模型的变化程度。在对 NFI 进行解释时，需要把竞争模型和基础模型放在一起进行对比。当 NFI = 0.9 时，意味着竞争模型比起基础模型改善了 90%。NFI 的取值范围也是 0~1。虽然 NFI 也没有明确的判断标准，但是数值高于 0.9 时说明模型的拟合度较高。

6.2.8　IFI 和 RFI

IFI 和 RFI 在结构方程模型当中的取值范围都是 0~1，数值越大意味着模型的拟合度越好。拟合度指数 CFI、RNI、RFI 和 IFI 等都是在对模型之间进行对比时使用的，是判断模型好坏的重要标志。当样本量比较少时，拟合度指数 CFI、RNI、RFI 和 IFI 比起其他拟合度指数得出的拟合度数值要好。因此，通常情况下我们在检验结构方程模型的拟合度时，拟合度指数 CFI、RNI、RFI 和 IFI 是拟合度指数的上限标准。

6.2.9　TLI 和 NNFI

TLI 是使用 ML 进行探索性因子分析时，把因子模型计量化了的数值。TLI 指数是检验模型简明度的重要指标之一，其取值范围是 0~1，数值越大，就证明模型越简练。当 TLI 指数的原模型的 χ^2 大于或者等于竞争模型的 χ^2 时，TLI 的取值范围就会超过 1，这时我们可以使用 NNFI 拟合度指数去验证模型。

6.2.10　CFI

CFI 为比较拟合度指数，该指数在对假设模型和独立模型进行比较时取得，其取值范围是 0~1，数值越接近 0 表示拟合度越差，数值越接近 1 表示拟合度越好。通常情况下，CFI ≥ 0.9 时认为模型的拟合度是好的。

6.2.11　简明拟合度指数

简明拟合度指数是检验模型拟合度的重要指标之一。简明拟合度指数的重点是拟合度和自由度的相抵关系，即为了提高模型的拟合度，我们可以增加需要估计的参数，随着参数数量的增多，模型自由度就会减少。模型的简明度要依靠很高的自由度才能得到很好的模型拟合度。在结构方程模型软件 Amos 当中，显示的简明拟合度指数有 PRATIO、PNFI、RMSEA、AIC 和 CAIC 等指数。

$$PRATIO=dfm/dfd$$

上述公式当中的 dfm 是竞争模型的自由度，dfd 则是独立模型的自由度。

PNFI 是对 NFI 进行修正之后得到的拟合度指数。在对 PNFI 进行计算时，也需要考虑模型的自由度问题。也就是说，随着样本量的增大，PNFI 的数值是不断增大的。为了避免 PNFI 无限增大，需要模型的自由度对其进行控制。PNFI = PRATIO × NFI。在对竞争模型和基础模型进行比较时，通常会使用 PNFI，PNFI 的值如果是 0.6~0.9，我们就可以判断竞争模型和基础模型之间是存在显著性差异的。

RMSEA 是指样本的协方差矩阵与模型的协方差矩阵之间的不一致程度，与拟合度指数 NCP 类似。这种不一致程度是由母群体的估计中得出来的。RMSEA 值越小就证明样本的协方差矩阵与模型的协方差矩阵之间的差异越小，所以，其值是越小越好。通常情况下，RMSEA 的取值范围在 0.05~0.08 是最适当的。有的先行研究认为，RMSEA 的值如果在 0.1 以下，证明数据与模型之间是比较契合的；如果小于 0.05，证明数据与模型之间是非常契合的；如果小于 0.01，证明模型与数据是完全契合的。

AIC 与 PNFI 是非常相似的概念。它是比较模型与模型之间的拟合度时使用的拟合度指标。AIC 的值越接近 0，证明模型的拟合度越好；而 AIC 的值越接近 1，则说明模型的简明性越弱。AIC 的计算公式如下所示。

$$AIC=\chi^2+2t$$

CAIC 是对 AIC 修正之后得到的拟合度指数。CAIC 的公式为 CAIC=χ^2 +（1+lnN）+t。

6.3　测量模型的评价

在结构方程模型当中，我们首先要对模型的全面拟合度进行评价，然后检验一下各潜在变量的单一元素性、信度和效度。单一元素性指的是各个潜在变量的指标组成单一因素的拟合度。信度指的是测量结果的可靠性、一致性和稳定性，即测量结果是否反映了被测者的稳定的、一贯性的真实特征。从概念当中我们可以看出单一元素性和信度是不一样的。

在对结构方程模型进行分析时，对测量模型进行评价的方法有两种：一种是一阶段分析法；另一种是二阶段分析法。本节主要介绍的是一阶段分析法。

（1）合成信度（CR）。在对测量模型进行检验时，主要使用的方法就是合成信度。合成信度是指组成潜在变量的各个指标之间的内在一贯性。信度越高，证明指标之间的内在一贯性越好。

通常情况下，合成信度的评价标准为 0.7，如果低于 0.7，研究者就需要考虑把信度低的指标删除。合成信度的计算公式如下所示。

CR = 平均预测值和的平方 /（平均预测值和的平方 + 测量误差）

（2）平均变异提取（AVE）。评价信度的另一个标准就是平均变异提取。平均变异提取是指指标能够说明的潜在变量的方差大小。如果平均变异提取量高于 0.5，说明概念拥有比较好的信度。平均变异提取量的计算公式如下所示。

AVE = 平均变异提取值平方的和 /（平均变异提取值平方的和 + 测量误差）

6.4　结构模型的评价

在结构方程模型当中，对结构模型的评价主要检验的是潜在变量之间的路径关系。对结构模型的评价主要表现在 3 个方面。

第一，参数估计系数显著性的检验。在 Amos 当中，对于自由参数的检验包括路径系数的检验、标准误差的检验、临界值的检验和 p 值的检验等。一般情况下，在研究者设定的显著性水平上，如果路径系数具有统计学意义，就能够证明研究者设定的假设化的因果关系成立。使用 ML 对参数进行估计时，通常情况下显著性水平会使用 0.025 或者 0.01 的标准。在选择临界值时，我们首先要确定假设的方向，即正（＋）的方向还是负（－）的方向。确定了方向之后，一般我们会选择单尾检验。如果假设当中的关系没有方向性，我们会选择使用双尾检验。双尾检验和单尾检验之间的临界值是不一样的。选择不同的检验方法，各自对应的临界值是不一样的。同样是显著性水平 0.05，单尾检验的临界值是 1.64，而双尾检验的临界值则是 1.96。

第二，Amos 当中的多重相关自乘（SMC）。SMC 与回归分析当中的 R^2 是非常类似的，它表征的是自变量对因变量的说明程度和解释程度。SMC 越高，证明自变量对因变量的说明力或者解释力越强，即我们选择的变量就越正确。

第三，参数的符号要与假设关系的方向一致。如果参数的符号与假设关系的方向不一致，即使显著性水平通过了，我们设定的假设也会不成立。这时，我们需要再去检查一下基本的理论，然后再根据理论重新设定假设。

6.5　分析结果的解释

如果前面的指数都通过了，我们最后需要对模型的结果进行解释。我们需要检验一下基本的假设关系是否成立、显著性水平是否通过、假设的方向是否与基本的理论一致等，特别是对于分析结果的解释包括标准化系数和非标准化系数的解释，总效果、直接效果和间接效果的解释。

（1）标准化系数和非标准化系数的解释。在对假设之间的关系进行检验时，主要检验的是参数的大小。在对参数的大小进行评价时，我们可以选择解释标准化系数和非标准化系数。根据标准化系数和非标准化系数的选择不同，解释的结果也会不同。

在结构方程模型当中，标准化系数是所有的变量拥有着统一的方差，其取值范围的上限值是 1。结构方程模型当中的标准化系数与回归分析当中的 β 值是非常相似的。标准化系数值越接近 0，说明两个变量之间的因果关系越弱；标准化系数值越接近 1，说明两个变量之间的因果关系越强。随着标准化系数值的增大，其在因果关系当中的重要性也会随之增加。标准化系数是决定系数重要性的一个重要的标准，但是，标准化系数值会随着样本量的变化而变化，所以不同样本量之间的标准化系数是不能进行比较的。因此，在多群体比较的分析当中，为了比较不同群体之间的系数，通常情况下会使用非标准化系数。

标准化系数是指外生潜在变量对内生潜在变量的影响力，而非标准化系数与多重回归分析当中的回归系数是一致的。非标准化系数使不同样本之间的系数是可以进行比较的，而标准化系数则使不同样本之间的系数是不可能进行比较的。

（2）总效果、直接效果和间接效果的解释。所谓的直接效果是指自变量对因变量产生直接影响的效果，中间不经过任何效果的干扰；而间接效果是自变量对因变量产生影响的过程当中，通过中介变量对因变量产生影响的，间接效果的系数是中介变量之间的非标准化系数相乘得到的。总效果是直接效果与间接效果的和。如果直接效果为 0.30，间接效果为 0.20，那么总效果是 0.30 + 0.20 = 0.50。如果模型当中不存在间接效果，模型当中的直接效果和总效果是一致的；同样，如果模型当中不存在直接效果，那么总效果和间接效果是一致的。

第 7 章

模型修正

7.1　模型修正的意义

模型修正是指为了改善现有的模型而对模型进行修改或者修正。对模型进行改善是为了得到更好的模型或者是拟合度更高的模型，通过增加参数的数量或者删除原来不好的参数，从而达到模型拟合的目的。

在结构方程模型当中，模型修正包括两个方面的内容。第一，对拟合度指数比较好的模型稍加改善。由于这种模型的拟合度指数的结果较好，所以在较好的基础上再进行改善是比较困难的。通常情况下，我们也不建议对这类模型进行模型修正。第二，对模型拟合度不好的模型进行修正。为什么模型当中的拟合度不好呢？主要的原因体现于以下几个方面：①我们收集的数据的分布不是呈现正态性的状态，非正态性分布会对模型的拟合度产生非常大的影响；②非线性的影响，由于变量与变量之间的关系是非线性的，也就是说，我们设定的模型没有很好地反映现实情况；③缺失值的影响，由于数据当中存在缺失值，造成了收集的数据不完整的后果；④误差的影响，模型当中的误差大，证明数据没有很好地拟合我们设定的模型。

模型修正要以理论和实践为依据。理论型依据的模型修正就是对设定的假设进行一定的检验，即研究者以先行文献的理论为基础去检验设定的假设关系。实践型依据的模型修正是使用统计方法来对模型的路径进行增加或者删减。例如，某条路径的显著性水平超过了 0.05，在统计学上没有显著性的意义，这时我们就可以删减这条路径。

在对路径进行删减的时候，我们需要检验模型的拟合度是否变差；或者在增加模型的路径的时候，我们需要检验模型的拟合度是否变好。这时，我们需要通过 χ^2 检验来进行验证，即当对某条路径进行删减时，如果 χ^2 值增加，则说明模型的拟合度变差；如果增加了某条路径，这时 χ^2 值减小，证明模型的拟合度有所改善。χ^2 差异统计量意味着两个模型之间的 χ^2 的差异，如果 χ^2 统计量没有通过显著性水平，说明两个模型的拟合度是相类似的。

如果结果当中出现下列情况，就说明我们不需要对模型进行修正。①当模型的整体拟合度较好的时候，我们可以考虑不对模型进行修正。②如果 ML 值足够小，也不需要对模型进行修正。③ CR 值要大。当自由参数值比较小的时候，我们需要对某个参数进行固定，这时就不会对模型的拟合度产生影响。当 CR 值超过 2，其对应的自由参数值会具有显著性，这时也不需要对模型进行修正。④残差矩阵的值要小。如果残差矩阵和标准化残差矩阵的值小，证明数据与模型是非常契合的，也就不需要对现有的模型进行修正。⑤ R^2 值要大。R^2 值在测量模型和结构模型当中都有出现。测量模型的 R^2 值增加，证明测量指标能够说明潜在变量、测量指标与潜在模型之间具有很高的相关关系。如果结构模型的 R^2 值增加，就证明外生潜在变量能够很好地说明内生潜在变量。以上这两种情况都不需要对模型进行修正。⑥估计的参数值没有脱离参数值的取值范围，即参数估计值的结果在 $-1\sim1$ 之间，这时也不需要对参数模型进行修正。

7.2　模型修正分类

如果模型的拟合度指数不高，我们需要对模型进行一定的修正。模型修正的目的是让模型的拟合度和简明度同时具备，以便寻找更好的模型。模型的修正大致可以分为两类：一类是以简明度为中心的模型修正；另一类是以拟合度为中心的模型修正。通常情况下，这两种情况需要同时满足。

在结构方程模型当中，样本量要大，设定的假设关系要明确，这样才能保证模型的拟合度和模型的简明度。由于样本量较少而产生的模型问题，我们只能通过增加样本量来改善模型的拟合度。

在 Amos 当中，我们对模型进行修正时，使用的判断指标包括残差统计量、修正指数和参数的变化等。这些判断指标中，我们使用最多的是修正指数（Mi）。残差统计量是指残差的协方差及标准化残差的协方差。残差的协方差会随着观测变量的测量单位改变而改变，而标准化残差的协方差则不受测量单位的影响。

使用标准化残差对模型进行修正时，当观测变量的个数较多或者残差的个数较多时，对模型的修正会产生一定的负面影响。这时，我们通常会使用 ML 指数对模型进行修正。Mi 指数的结果会随着固定参数向自由参数的转变而改善，即当固定参数向自由参数转变时，χ^2 值会随之减少。χ^2 值的减少，意味着 ML 指数的改善。在 Amos 当中，点击 "Analysis properties" 的 "Output" 窗口的 "Modification indices"，就能够得到 Mi 指数的值。在

Amos 当中，Mi 指数通常会显示大于 4 的值，我们也可以根据自己的研究模型或者收集的数据来对 Mi 的值进行更换。

7.3　模型修正的方法

模型修正的方法包括：①维持现有的潜在变量，增加新的自由参数；②维持现有的潜在变量，固定自由参数；③通过对潜在变量的增加或者删减来对模型进行修正。

对于测量模型的修正，首先要对潜在变量与观测变量之间的关系进行固定；其次是对测量误差之间的相关性进行限制。对于结构模型的修正，首先要对外生潜在变量和内生潜在变量之间的路径系数进行自由化或者固定化；其次需要分析外生潜在变量之间相关矩阵的自由参数化或者是固定参数化；最后是对误差之间的关系进行分析。表 7–1 所示为模型修正的方法。

表 7–1　模型修正的方法

区别	没有限制	有限制
测量模型	测量参数的自由化	测量参数的固定化
结构模型	结构参数的自由化	结构参数的固定化

（1）增加自由参数。增加自由参数是在模型拟合度很差时才使用的方法。这种方法通过增加自由参数来增加模型的简明度，从而改善模型的拟合度指数，即固定参数自由化，或者是制约参数自由化。

　　首先，我们来了解一下固定参数自由化。当把固定参数设定为自由参数时，主要使用的是 Mi 指数和标准化残差。在结构方程模型当中，通常自由化的固定参数包括结构系数、外生潜在变量之间的方差和协方差，以及因子系数等。如果测量误差或者残差中出现了最大的 Mi 值，那么我们需要考虑一下参数是否能够自由化。如果在误差之间具有相关关系的基础上增加自由参数，这时虽然会使得模型的拟合度变好，但这不是因为理论效度的原因造成的，而单纯是因为样本的数量而使得模型的拟合度变好的。

　　其次，制约参数的自由化。例如，两个制约模型组成了等价制约模型，我们在计算自由参数时只计算其中的一个参数即可。这时，如果 Mi 的值非常高，在制约参数自由化时只需要添加一个自由参数即可。

　　（2）固定自由参数。固定自由参数是在模型拟合度好的时候，在不影响模型拟合度的范围内使用的方法。在 Amos 当中，所有的自由参数都提供 CR 值，如果某个自由参数的 CR 值小，可以无视自由参数的值，把这个参数设定为 0，即在模型当中没有设定这个参数。换言之，如果参数值小，固定某个参数值就显得没有意义了。

　　（3）增加或者删除潜在变量。通常情况下，我们会在维持现有潜在变量的基础上对模型进行修正。在维持现有潜在变量的基础上对模型进行修正时，通常情况下会使用 Mi 值或者是 CR 值。当我们对潜在变量进行增加或者是删减时，一定要参考理论文献，要以理论文献为基础去进行修正。

7.4 模型修正的原则

对模型的修正需要循序渐进。在 Amos 当中，使用的基本估计方法是 ML 法。这种估计方法是把模型内的方程式按照顺序进行一一检验，然后把方程式内的所有信息收集起来进行最后的计算，我们把这种方法称为完全信息法。模型内某个部分的变化，会对模型内其他部分产生一定的影响，即当对某个参数的设定改变时，会对其他变量的参数估计值产生影响。因此，我们在对模型内的某个参数进行修正时，不是对所有参数同时进行修正，而是一一检验模型参数的估计效果。

对模型的修正需要考虑理论的正当性。理论的正当性需要以基础研究或者常识为基础进行模型的修正，即我们在对假设进行设定时需要考虑假设的正当性或者常识性。例如，我们设定了"顾客满意度对顾客忠诚度产生影响"的假设，这个假设是符合常识或者在理论上是具有正当性的；相反，即"顾客的忠诚度决定了顾客的满意度"，这个在常识上是说不通的，也不具备理论的正当性。

7.5 修正模型的拟合度评价

我们在对修正模型的拟合度进行评价时，需要使用两种方法：一种方法是阶层模型的拟合度评价；另一种方法是非阶层模型的拟合度评价。

（1）阶层模型的拟合度评价。阶层模型是指模型当中嵌套有模型的模型。例如，为了设定模型 B，从模型 A 当中删除一条路径，模型 A 和模型 B 就是阶层模型。在对模型和数据进行拟合时，拟合度评价的所有指标都适用于对修正模型的拟合度评价。修正模型是对基础模型修正之后得到的模型，在对模型修正的过程当中，前一阶段的修正模型与后一阶段的修正模型之间是存在显著差异的。当基础模型的拟合度指数值较低时，我们可以通过增加一个自由参数来提高模型的拟合度，这种方法称为 1 次修正。当在 1 次修正的基础上再增加一个自由参数对模型进行修正时，我们称这种方法为 2 次修正。这时 2 次修正的模型拟合度要好于 1 次修正，而 1 次修正的模型拟合度也好于基础模型。

在结构方程模型当中，简明度高的模型其自由度也会高，简明度差的模型其自由度也会差。我们在提高模型拟合度的同时，会牺牲模型的简明度。这种简明度与拟合度相抵的差异，我们一般会使用 χ^2 进行检验。χ^2 差异检验是在使用 ML 参数估计法和 GLS 参数估计法时才使用的检验方法。在使用 χ^2 差异检验时，χ^2 差异值比自由度大时，其 P 值会变小，这时归无假设会被拒绝。研究者判断 p 值的大小是依据第一类错误和显著性水平（通常为 0.01 或者 0.05），但是，当 χ^2 的差异值比自由度小时，p 值会变大，这时归无假设成立，研究假设会被拒绝，这时我们可以不需要对模型进行修正。

（2）非阶层模型的拟合度评价。我们在评价非阶层模型的拟合度时，经常用到的模型拟合度指数有 AIC、CAIC、ECVI、RMSEA 等。这些拟合度指数的值越小，说明非阶层模型的拟合度越好。非阶层模型 a 和非阶层模型 b 如图 7-1 和图 7-2 所示。

非阶层模型当中的模型 a 和模型 b 与阶层模型当中的 1 次修正和 2 次修正是相同的概念。

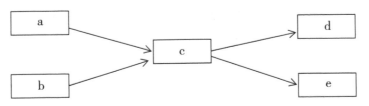

图 7-1　非阶层模型 a

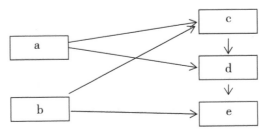

图 7-2　非阶层模型 b

在实际的结构方程模型检验当中，我们通常会把模型 a 和模型 b 进行一定的比较，哪个模型的拟合度指数高，就选择哪个模型。通常情况下，模型 b 的拟合度指数要高于模型 a 的拟合度指数，原因在于模型 b 的估计参数的个数要多于模型 a，所以，模型 b 的拟合度指数要高于模型 a。

在结构方程模型当中，模型的修正无非包括两种方法：一种方法是改善模型的拟合度；另一种方法就是提高模型的简明度。

模型拟合度的改善是通过增加参数的个数来实现的。在模型拟合度的检验过程当中，测量误差之间的方差是相关独立的、没有相关性的。如果测量误差之间不是独立的，存在相关关系，那么各个指标的测量时间将是不一样的，即在不同的时间段对变量进行测量，得到的测量误差之间是存在相关关系的。

模型简明度的改善是通过删除不必要的参数得到的结果。我们在删除模型当中的参数时，具体要删除哪一个参数，需要对 CR 值进行检验，当 CR 值的显著性没有通过统计学的检验时，我们需要考虑把这个参数删除。与参数值的添加相同，参数值的删除是需要对统计学的意义进行考量的。如果基础理论是需要这个参数，但是在实际检验的过程当中没有通过显著性水平，那么我们也需要考虑是否要删除这个重要的参数。

7.6　交叉效度检验

所谓的交叉效度是指对已建立的测量效度进行复核检验的过程，主要是采用与原来用以建立测量效度的不同样本再次进行测验，然后比较两次测验结果以检查效度的准确性。对交叉效度进行检验的目的是为了得到更好的模型。交叉效度检验使用的拟合度指数包括 AIC 和 ECVI 拟合度指数，AIC 和 ECVI 拟合度指数是在样本量较少的情况下使用的。这两个拟合度指数的值越小，证明模型的拟合度越好。

在结构方程模型当中，交叉效度分析可以分为 4 种形式，如表 7–2 所示。

表 7–2　交叉效度分析

模型的个数	单一模型	模型的安全性	效度的扩展
	模型比较	模型的选择	效度的一般化

　　模型的安全性是指单一模型在相同的母群体当中，以不同样本的数据为研究对象进行拟合评价的过程。模型的安全性是交叉效度分析的最基本的要素。模型的安全性在数据资料的准备方面包括两种。一种是把已经收集的数据分成两个部分，一部分作为估计样本来使用，另一部分则作为检验样本来使用，这种方法也称为样本分割法。使用样本分割法来对交叉效度进行检验时，样本量必须要足够大。在先行研究当中，规定了样本量在 300~500 时交叉效度才可以顺利地进行；有的先行研究认为样本量要在 800 以上，交叉效度才有效。另一种是收集新的数据。受时间和费用的限制，对数据进行重新收集不太可能，而这两种方法中用得最多的就是样本分割法。

　　效度的扩展虽然与模型的安全性的验证方法相似，但是在样本抽取的群体方面是存在一定的差异的。模型安全性的样本量是从同一个群体当中抽取的样本进行分析的，而效度的扩展是从不同的群体当中抽取样本。

　　模型的选择是从同一个群体当中抽取不同的样本，以模型的安全性为基础在竞争模型或者基础模型当中选择更好的一个模型。模型的选择是对几个模型进行反复比较和对比，选择说明力最高的模型的过程。

　　效度的一般化是指在不同的群体当中选择最好的模型的过程。例如，有 a、b、c 3 个模型，从第一个群体里抽取样本进行检验，结果显示，第一个群体当中最好的模型是模型 b，其次是模型 a，最差的是模型 c；第二个群体当中模型由好到差的顺序是 c、a、b。最终结果显示，模型 a 不管是在第一个群体当中还是在第二个群体当中，都不是最好的模型。然而，相较模型 b 和模型 c 而言，模型 a 是比较稳定的模型。因此，我们在对模型进行交叉效度分析之后，最好的选择就是在这 3 个模型当中选择模型 a 作为最合适的模型。

交叉效度分析的方法有 3 种。第一种方法是单纯战略，是对检验样本的所有参数进行自由估计的方法。这种方法可以允许参数估计的样本和检验样本之间存在差异。第二种方法是严格战略，是指对估计样本和检验样本的所有参数进行统一的方法。第三种方法是中间战略，这种方法是事先固定估计样本的某些特定的参数，然后在检验样本当中自由地进行估计的方法。

对模型的交叉效度进行检验的方法有两种：一种是把模型与数据资料拟合后，评价一下模型的拟合度；另一种是使用多群体比较的方法，比较多个模型不同变量之间的交叉效度。

第 8 章

反映型指标、形成型
指标和二阶段分析

8.1　反映型指标和形成型指标

在测量模型当中，潜在变量和观测变量之间的因果关系一直是学者们在社会科学领域关注的重点和难点。在结构方程模型当中，根据因果关系的方向不同，可以划分为反映型指标和形成型指标。反映型指标是指因果关系从潜在变量到观测变量的指标模型，而形成型指标是指因果关系从观测变量到潜在变量的指标模型。反映型指标和形成型指标模型如图 8-1 所示。

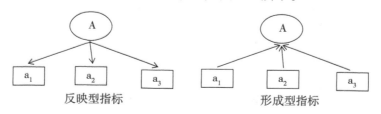

图 8-1　反映型指标和形成型指标

在反映型指标当中，潜在变量是因，观测变量是果，潜在变量是由观测变量组合而成的；而在形成型指标当中，观测变量是因，潜在变量是果，观测变量对潜在变量产生一定的影响。在结构方程模型当中，我们通常情况下使用的指标模型是反映型指标模型，即首先设定潜在变量，然后根据先行文献寻找组成潜在变量的观测变量，进而进行分析。

我们在使用反映型指标模型时，一般会用到因子分析，因子分析会把潜在变量和观测变量之间的共同因子或者共有因素找出来，然后进行分析。我们一般用到的回归分析，就是把潜在变量和观测变量之间的共同因子之和作为因变量或自变量进行分析的。

例如，我们在研究家庭环境的时候，通常会设定问题，即"家庭收入如何，父亲的教育水平和母亲的教育水平如何"等问题。这些问题是能够正确反映一个家庭的家庭环境的重要因素，通过这些问题我们可以测量一个家庭的家庭环境，这些问题是家庭环境的重要组成部分。这时，我们使用的是反映型指标，如图8-2所示。

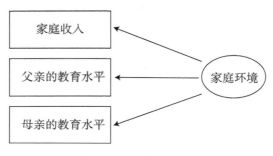

图8-2　反映型指标

还以上面的例子来讲，想知道一个家庭的家庭环境如何，即把家庭环境当作因变量，那么父亲和母亲的教育水平的高低会对家庭环境产生重要的影响，即父母的教育水平越高，一个家庭的家庭环境就会越好。这时，我们使用的是形成型指标，如图8-3所示。

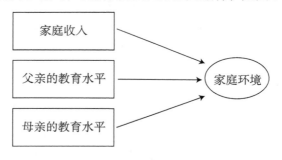

图8-3　形成型指标

在对结构方程模型进行分析时，变量与变量之间因果关系的先后顺序取决于时间的先后。例如，企业的服务质量与顾客的满意度之间的关系，通常是企业的服务质量在先，顾客的满意度在后，即企业的服务质量决定了顾客的满意度，企业的服务质量越好，顾客的满意度就会越高。在结构方程模型当中，由于潜在变量是无法直接进行测量的，是抽象的因素，所以，在确定时间的先后方面比较困难。在这种情况下，我们通常使用的方法是实验法，即我们可以把潜在变量的发生提到前面，然后再去观察观测变量的变化程度。这样我们就能够掌握潜在变量发生的时间顺序了。反映型指标和形成型指标之间的区别如表 8-1 所示。

表 8-1　反映型指标和形成型指标之间的区别

形成型指标	反映型指标
因果方向是由指标指向潜在变量，指标的变化引起了潜在变量的变化	因果方向是由潜在变量指向指标，潜在变量的变化引起了指标的变化
指标无法进行相互转换 指标之间没有共同因素	指标可以进行相互转换 指标之间具有共同因素
指标与指标之间是不能进行共变的	指标之间是可以进行共变的
去除其中一个指标，潜在变量的概念会发生变化	去除其中一个指标，潜在变量的概念不会发生变化

在结构方程模型软件 Amos 当中，由于指标与潜在变量之间的关系是根据统计学原理事先确定好的，所以基本模型就是反映型指标模型。如果在模型当中出现了形成型指标模型，那么 Amos 统计软件就会面临无法识别的问题。因此，我们在分析形成型指标时，通常会使用 SmartPLS 软件和 Ramona 软件。

在结构方程模型当中，当我们使用反映型指标对潜在变量进行测量时，可以捆绑指标，把指标捆绑成一个共同因子，然后代表潜在变量。我们在对测量指标进行捆绑时，可以使用两种方法：一种方法是所有指标合成一个共同因子，我们把这种方法称为综合法；另一种方法是使用个别指标，把个别指标捆绑成一个共同因子，这种方法称为非综合法。通常情况下，我们对结构方程模型进行分析时，使用的方法是综合法。综合法能够很好地反映指标的所有信息，把数据的损失率降到最低。

捆绑法的优点是：在结构方程模型当中使用捆绑法，可以满足数据是正态性分布的条件；使用捆绑法能够减少参数估计的数量，这时就算样本量很小，使用结构方程模型也不会受到限制；使用捆绑法，能够得到很好的模型拟合度指数。捆绑法的缺点是：使用捆绑法，我们无法测量到每一个指标的信息量；因子与因子之间的差异性会变得很小；参数值会出现共同变异等。

我们在使用捆绑法之前，首先要确认一下指标的单一元素性。如果因子之间的关系比较相近，那么我们可以使用探索性因子分析当中的直角回转的方法来区分因子之间的关系。捆绑法包括 4 种方法，即任意分割法、指标－概念均衡法、内在一贯性法和代表法。

任意分割法是指把 3 个或者 4 个指标进行任意分割，然后进行捆绑。

指标－概念均衡法是指所有指标构成一个因子，我们使用因子分析，以因子载荷值为基准，载荷值大的几个指标构成一个二级因子，载荷值小的几个指标再组成一个二级因子；然后，把两个二级因子捆绑成为一个共同因子的方法。例如，一个因子是由 10 个测量指标进行测量，指标 1、指标 2、指标 3、指标 4 组成二级因子 1，指标 5、指标 6、指标 7 组成二级因子 2，指标 8、指标 9、指标 10 组成二级因子 3；然后，再把这 3 个二级因子捆绑成为一个共同因子。

内在一贯性法是指找出指标之间的内在一贯性，共同构成一个因子的方法。这种方法需要先计算出 Cronbach's α 值，以 α 值 = 0.6 为标准，删除低于 0.6 的指标，把高于 0.6 的指标捆绑成一个共同因子。

代表法是当一个概念是由多个子概念构成时使用的方法。例如，当满意度用 12 个指标来测量，满意度又分为店铺满意度、品牌满意度和服务满意度时使用的方法，指标 1~4 用于测量店铺满意度，指标 5~8 用于测量品牌满意度，指标 9~12 用于测量服务满意度。所有指标分别组成上层概念的下层概念的方法，与指标 – 概念均衡法相似。

8.2　概念效度分析

概念效度是指测量指标是否能够真正反映最终概念。概念效度包括内容效度、集中效度和判别效度。这几个效度在结构方程模型当中都需要呈现出来，是必须要分析的内容，效度的好坏能够决定假设关系的成立与否。

所谓的内容效度是指测量指标是否能够真正代表我们需要预测的概念。内容效度的评价是指标之间代表性的问题，是对特定概念的描绘程度。内容效度是评价概念效度的基础，我们在分析集中效度和判别效度之前，首先要评价概念的内容效度。内容效度通过了，才可以进行其他效度的分析。如果内容效度不通过，也就没有必要分析其他的效度。

所谓的集中效度和判别效度是指指标与指标之间的相关程度。集中效度是指相同概念的指标之间具有很强的相关关系，而判别效度是指不同概念的指标之间具有很弱的相关关系。但是，相同指标之间具有很强的相关关系，也不能够证明这些指标能很好反映研究者需要测量的概念，即当指标之间具有很强的相关关系时，与其说是测量相同的概念，倒不如说是共同的方法。很多学者也称其为共同方法变异。

所谓的共同方法变异是指在对变量的指标进行测量时，由于使用了相同的测量方法引起的方差或者变异。例如，在社会科学领域使用最多的测量方法就是问卷调查，而问卷调查采用的是自己回答的方式进行的，所以很容易引起共同方法变异的产生。因此，我们在对变量进行测量时，可以使用两种或者两种以上的方法对指标进行量化，这样就能避免共同方法变异的产生。

集中效度是指使用多个指标同时测量同一个概念时，这些指标之间的一致性。虽然使用的是不同的指标，但是能够测量同一个概念，说明这些指标之间还是存在着比较强的相关关系的。判别效度是指不同的概念之间其测量值是存在着显著差异的，即不同的概念之间必须要存在显著性的差异，这样才能够说明变量之间具有判别效度。

（1）集中效度的评价。为了对模型的集中效度进行检验，研究者必须要了解测量模型的标准化估计值和误差的方差等信息。为了得到标准化估计值和误差的方差值，我们需要在 Amos 软件当中单击"Analysis properiesd"的"Output"窗口的"Standardized esimate"，就能够得出结果。

　　集中效度可以用 3 个部分进行验证。第一，因子载荷量。变量的因子载荷量要高于 0.6 或者 0.7 才可以。因子载荷量高于 0.6 或者 0.7，就说明选取的指标能够说明变量的 60%~70%，这时的集中效度也会较高。第二，AVE 值，即我们前文提到的平均变异提取量。AVE 值高于 0.5，说明具有集中效度。AVE 值表示在变量的方差当中能够提取指标的占比是多少，当然这个占比越高越好。在 Amos 软件当中是不能自动计算出 AVE 值的，需要通过公式计算才可以得到结果。第三，CR 值。CR 值高于 0.7，说明具有集中效度。

　　（2）判别效度的评价。判别效度的评价是通过以下几种方法进行的。第一，AVE 值要大于相关系数的平方值。第二，在 95% 的区间范围内，相关系数 $\pm\chi^2$ 的标准误差，得到的值不等于 1，就证明有判别效度。第三，设定把两个变量之间的相关系数的值固定为 1 的制约模型，以及两个概念之间的相关系数自由化的自由模型，把制约模型与自由模型相比较，χ^2 值的差异如果通过了显著性水平，就证明变量之间存在着判别效度。

8.3　二阶段分析

　　所谓的二阶段分析是指在分析结构方程模型时，第一阶段是对测量模型进行分析，第二阶段是对结构模型进行分析。即对测量模型进行评价后，以此为基础，把测量模型和结构模型放在一起进行分析。模型当中不分测量模型和结构模型，把这两个模型放在一起进行分析，这种方法叫作一阶段分析法。

结构方程模型的拟合度结果不好，主要是由3种原因造成的：第一，测量模型与数据之间没有很好地拟合；第二，结构模型与数据之间没有很好地拟合；第三，测量模型和结构模型均与数据没能很好地拟合。

在结构方程模型当中，通常情况下我们首先会去评价测量模型的拟合度，其次再考虑结构模型的拟合度。与二阶段分析相比，一阶段分析有以下几个缺点。第一，在一阶段分析当中，模型的拟合度要尽量好，如果不好，需要重新对模型进行修正。这样一来，研究的最终目的就不是假设检验，而是模型与数据之间的拟合。第二，在一阶段分析当中，模型设定的失误会对参数产生影响，而在二阶段分析当中是对研究模型进行个别评价。第三，在一阶段分析当中容易造成对结果解释的偏误。

对于同时评价结构模型和测量模型的一阶段分析法而言，结构模型和测量模型都需要理论支持，在理论框架内形成了测量模型与结构模型的组合。这时，相较因果关系而言，更多的验证将会放在结构模型和测量模型上。

当然，不是所有情况都适用于二阶段分析。例如，以下情况就不适合使用二阶段分析：第一，潜在变量是由3个以下的观测变量组成的；第二，在第一阶段模型拟合度不好的结构模型和测量模型，还有因子载荷量比较低的测量指标等。

在结构方程模型当中，对潜在变量与观测变量之间的关系进行分析的阶段称为第一阶段，分析潜在变量与潜在变量之间关系的阶段称为第二阶段。在第一阶段当中已经分析的参数值，在第二阶段当中可以进行估计，也可以不进行估计。在对测量模型与结构模型同时进行预测时，需要以先行理论为支撑，而且观测变量的信度和效度还要好，这样才能更好地分析结构模型和测量模型。如果观测变量的信度很低，就需要把测量模型和结构模型分开进行分析。

第 9 章

调节效应分析

为非制约分析法。Amos 当中的自由分析法包括 Ping 分析法、Marsh 分析法和 Little 分析法等。

首先，我们来了解一下 Ping 分析法。使用 Ping 分析法对模型当中的调节效应进行分析时，需要进行两个阶段的分析。首先需要估计出测量模型的参数值，然后以测量模型的参数值为依据去估计结构模型的参数值。使用 Ping 分析法时，需要对原始数据进行平均中心化。

Ping 分析法包括两个方面：第一，当自变量由两个指标组成、调节变量也由两个指标组成时，把每两个指标的和相乘作为一个指标，即 $zx = (x_1+x_2)(z_1+z_2)$，z 为调节变量，x 为自变量，x_1、x_2 为自变量的两个指标，z_1、z_2 为调节变量的两个指标；第二，计算出两个变量的乘积项，然后使用乘积项进行估计。一般情况下，我们使用最多的方法就是第二种，即使用变量的乘积项来分析连续型变量的调节效应。图 9-1 是使用 Ping 分析法进行调节效应分析的模型图。

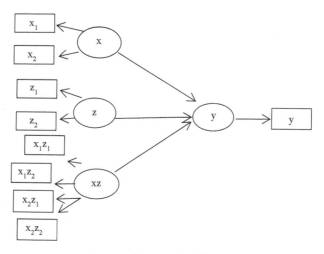

图 9-1　Ping 分析法模型图

根据上面的模型，首先我们需要对自变量、因变量和调节变量的测量模型进行分析。我们在分析测量模型时，通常会把模型当中的所有变量都包含进去，如果缺少一个变量，就会出现模型误差出现负方差的现象。但是，当变量当中的指标达到 3 个或者 3 个以上时，即使缺少一个变量，也不会出现负方差的现象。测量模型分析公式如下所示。

$$a_1=\lambda x_1 \lambda z_1 \quad a_2=\lambda x_1 \lambda z_2 \quad a_3=\lambda x_2 \lambda z_1 \quad a_4=\lambda x_2 \lambda z_2$$

误差方差公式如下所示。

$$e_1=\lambda x_1 x Var（x）+\lambda z_1 x Var（z）\quad e_2=\lambda x_1 x Var（x）+\lambda z_2 x Var（z）$$

$$e_3=\lambda x_2 x Var（x）+\lambda z_1 x Var（z）\quad e_4=\lambda x_2 x Var（x）+\lambda z_2 x Var（z）$$

乘积项的方差计算如下所示。

$$Var（x）x Var（z）+Cov（x，z）2$$

接着，我们来学习 Marsh 分析法。我们在使用 Marsh 分析法对连续型变量的调节效应进行分析时，有 3 种方法：第一，对外生潜在变量的平均数进行限制；第二，不对外生潜在变量的平均数进行控制；第三，对自变量与调节变量的乘积项的平均数进行二次平均中心化。

下面我们来介绍第一种方法，即对外生潜在变量的平均数进行限制的方法。

首先要对自变量与调节变量进行平均中心化。进行平均中心化的目的是统一各个变量之间的单位，这样会减少统计变量的偏差程度。在 Amos 当中，我们只需要单击"Analysis properties"中的"Estimation"的"Estimation means and intercepts"就可以进行平均中心化。我们在设定自变量与调节变量的乘积项时有 3 种方法可以选择，分别是 all-possible paors strategy、matched-pair strategy、one-pair strategy，其中 matched-pair strategy 方法用得最多。

　　例如，变量 a 是由 x_1、x_2、x_3 3 个指标构成；变量 b 是由 x_4、x_5、x_6 3 个指标构成。all-possible paors strategy 方法是将 x_1x_4、x_1x_5、x_1x_6、x_2x_4、x_2x_5、x_2x_6、x_3x_4、x_3x_5、x_3x_6 相乘作为 9 个指标进行使用；而 matched-pair strategy 方法是将 x_1x_4、x_2x_5、x_3x_6，x_1x_4、x_2x_6、x_3x_5，x_1x_5、x_2x_4、x_3x_6，x_1x_5、x_2x_6、x_3x_4，x_1x_6、x_2x_4、x_3x_5，x_1x_6、x_2x_5、x_3x_4 等指标组合中选出一个指标组合进行分析；one-pair strategy 方法是在 x_1x_4、x_1x_5、x_2x_4、x_2x_5、x_1x_6、x_3x_4、x_2x_6、x_3x_5、x_3x_6 等指标组合中选出一个指标组合进行分析。

　　第二种方法是对自变量与调节变量的平均化不进行控制或者限制，即不需要对变量进行平均中心化。这种方法是对自变量与调节变量的乘积项的平均数进行二次平均中心化，能够把模型当中变量的平均数设定为 0 进行估计。这样就减少了变量预测当中的误差或者偏差现象。

　　最后，我们再来了解一下 Little 分析法。这种方法是以变量之间的平均中心化为基础提出的正交化分析法。这种方法也需要设定自变量与调节变量的乘积项，乘积项的计算方法与 Marsh 分析法一致。两种方法的区别在于，在对指标之间的乘积项进行计算的过程当中，Little 分析法需要把乘积项的误差进行连接，也就是说，这种方法的前提是假定各个指标之间的误差项也存在着一定的相关关系。这样分析出来的结果更加贴近现实。

　　在本节当中，我们学习了潜在变量调节效应分析的方法。这几种分析方法，一般情况下使用最多的方法是 Marsh 分析法。当潜在变量之间的指标个数相等时，我们使用 Marsh 分析法可以很容易地分析调节效应，但当潜在变量之间的指标个数不相同时，就很难使用 Marsh 方法进行分析。例如，自变量由 5 个指标构成，调节变量由 10 个指标构成，这时我们需要把 5 个指标或者 10 个指标捆绑成为一个维度，然后把自变量的捆绑维度和调节变量的捆绑维度相乘，得到乘积项的维度，然后使用乘积项的维度分析调节效应。

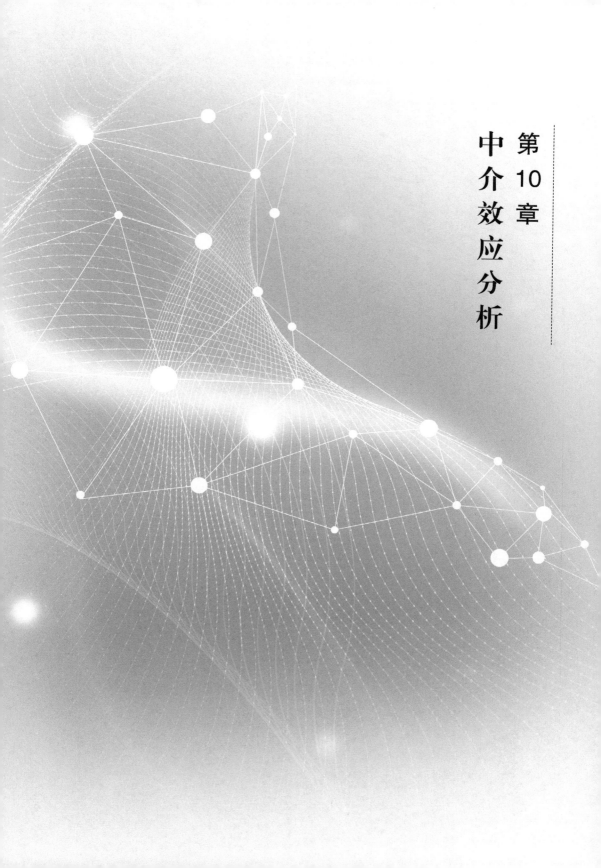

第 10 章

中 介 效 应 分 析

所谓的中介效应就是为了说明自变量和因变量之间的关系而介入的变量，即自变量对因变量产生影响时，中介变量发挥着纽带的作用，也即自变量对因变量为什么产生影响、会产生怎样的影响。信赖、满意度和忠诚度之间的关系如图 10-1 所示。

图 10-1　中介模型

当消费者对店铺的员工产生信赖感时，就会增加消费者对店铺的满意程度，进而会增加消费者对店铺的忠诚度。这时，信赖是不能直接对忠诚度产生影响的，应该通过满意度，进而对忠诚度产生影响，即消费者感到信赖时，首先应产生满意度，由满意度再衍生出忠诚度。这就是一个简单的中介模型。

10.1　单纯中介效应模型

单纯中介效应模型是指在自变量对因变量产生影响时，只有一个中介变量存在的模型。在结构方程模型当中，关于中介效应很多学者都给出了不同的研究。本节着重介绍 Holmbeck 的中介效应分析法和 Hoyle 和 Smith 的中介效应分析法。

首先，我们来介绍一下 Holmbeck 的中介效应分析法。为了验证模型的中介效应，首先来分析一下自变量对因变量的模型拟合度，如果模型拟合度过关，再来验证自变量通过中介变量对因变量产生影响的模型拟合度，如果这个模型拟合度也过关，再验证自变量对中介变量、中介变量对因变量的路径系数。中介效应的前提是自变量、中介变量和因变量的路径系数都具有显著的统计学意义。

为了检验中介效应，需要符合两个条件：第一，把自变量对因变量的影响路径设定为0；第二，自由估计自变量对因变量的影响路径系数。在这种情况下，如果模型当中存在中介效应，当在自变量对因变量的影响路径当中加入制约模型时拟合度不会发生改变。如果自变量对因变量的路径、自变量对中介变量的路径和中介变量对因变量的路径都有着显著的统计学意义，而且自由模型和制约模型的 χ^2 值之间的差异大于 3.84，就证明模型具有部分中介效应；如果自由模型与制约模型的 χ^2 值之间的差异小于 3.84，就证明模型具有完全中介效应。

其次，我们再来介绍 Hoyle 和 Smith 的中介效应分析法。Hoyle 和 Smith 的中介效应分析法比 Holmbeck 的中介效应分析法要简单容易。Hoyle 和 Smith 的中介效应分析法的实质就是自变量与因变量之间不包含中介变量的模型与自变量与因变量之间包含中介变量的模型进行比较。在不包含中介效应时，把自变量对因变量产生的影响关系进行验证；如果自变量对因变量不产生影响，这时验证中介效应就没有意义了。然后，加入中介变量去验证自变量对因变量的影响关系，如果自变量对因变量的影响效果接近0，就证明是完全中介模型；如果自变量对因变量产生影响力，并且影响力显著，就证明是部分中介模型。

通常情况下，中介效应的验证还包括 Sobel 验证法和 Bootstrap 分析法。

Sobel 验证法是由 Preacher 教授研发的网页计算软件，我们可以登录 Preacher 教授的网页，在网页上输入非标准化系数 a、 b 及 a 和 b 的标准差，然后就会自动出现中介效应的分析结果。值得注意的是，Sobel 验证必须是在数据为正态性分布的前提下才能进行分析，而且 Sobel 验证不能验证完全中介模型和部分中介模型。

Bootstrap 分析法也称为自助法，是非参数统计方法中的一种非常重要的分析方法。这种方法是将从样本中抽样得到的子样本看作样本，每次抽取子样本后计算一次统计量的测量值，通过反复抽样，可以得出许多的测量值，从而进一步获得统计量的分布，然后根据分布和测量值去进行参数估计。在 Amos 软件当中，我们需要点击"View → Analysis properties → Monte carlo（parametric bootstrap）"，然后在"Output"的窗口中单击"Indirect, direct & total effects"（间接效应、直接效应和总效应），就可以进行 Bootstrap 分析。如果我们使用的数据资料是协方差矩阵形式，那么需要单击"Monte carlo（parametric bootstrap）"；如果是原数据形态，则可以不使用。

如果分析出的结果为自变量对因变量的路径系数不具有统计学意义，就证明模型当中存在着完全中介效应；如果自变量对因变量产生影响，并且效果显著，就证明模型中存在着部分中介效应。

我们通过理论也可以得知，Sobel 验证法和 Bootstrap 分析法的结果是存在差异的。通常情况下，我们会以 Bootstrap 分析法的分析结果为标准。Sobel 验证法必须是在 a 和 b 都是正态性分布的前提下才可以使用，而 Bootstrap 分析法则没有明确的限制性条件，而且 Sobel 验证法分析出的结果不是很全面，而 Bootstrap 分析法相较于 Sobel 验证法的分析结果是比较全面的，包括了间接效应、直接效应和总效应的验证。

在 LISREL 和 EQS 等结构方程模型软件当中，都是使用 Sobel 验证法来验证模型间接效应的显著性，而 Amos 则是使用了 Bootstrap 分析法对模型的间接效应、直接效应和总效应进行验证。Sobel 验证法得出的 a 和 b 的样本分布通常情况下不是正态性分布，而是向左倾斜的分布状态，这种分布状态的缺点相较于正态性分布而言其检验能力是比较弱的，而 Bootstrap 分析法就不存在这样的情况。

10.2　多重中介模型：并联多重中介模型

当模型中的中介变量不是一个而是多个时，称为多重中介模型。多重中介模型又根据变量之间的因果关系分为并联多重中介模型和串联多重中介模型。并联多重中介模型和串联多重中介模型分别如图 10-2 和图 10-3 所示。

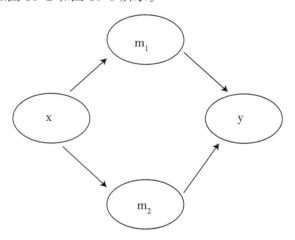

图 10-2　并联多重中介模型

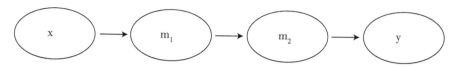

图 10-3 串联多重中介模型

如果使用回归分析对并联多重中介模型进行分析，需要 4 个回归方程式：

$$Y=i_1+cX+e_1$$

$$Y=i_2+cX+b_1m_1+b_2m_2+e_2$$

$$m_1=i_3+a_1X+e_3$$

$$m_2=i_4+a_2X+e_4$$

在上面的公式当中，m_1 和 m_2 的中介效应分别是 a_1b_1、a_2b_2。自变量对因变量的直接效应为 c，总中介效应为 $a_1b_1+a_2b_2$，即总的中介效应等于直接效应加上总的间接效应。中介效应的标准误差通过下面的公式来进行计算。

$$sa_1b_1=\sqrt{a_1{}^2sb_1{}^2+b_1{}^2sa_1{}^2}$$

中介效应的显著性检验是通过 $z=a_1b_1/sa_1b_1$ 来计算的。总效应所对应的中介效应的计算公式为 aibi/c，直接效应所对应的中介效应的比率为 aibi/c'，并联多重中介模型中两个中介效应的差异检验是通过（$a_1b_1-a_2b_2$）来计算的。

我们在使用 Amos 软件对并联多重中介模型进行分析时，分析出的中介效应结果是总的中介效应，而在 LISERL 和 Mplus 软件中是把每一条中介路径的中介效应分开进行验证。在 Amos 软件当中，我们也可以对每一条中介路径的中介效应进行分析，那就是使用假变量来对中介效应进行分析。图 10-4 就是使用假变量来对并联多重中介模型进行分析的。

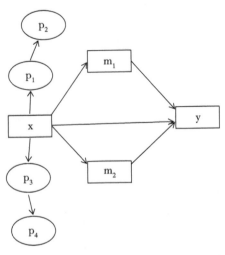

图 10-4　使用假变量分析的并联多重中介模型

如图 10-4 所示，如果我们想要呈现出 $x \rightarrow m_1 \rightarrow y$ 和 $x \rightarrow m_2 \rightarrow y$ 两条中介路径的中介效应，在 Amos 软件当中如果不借助假变量，是不可能一次性分析出来的。在 Amos 当中使用 Bootstrap 分析法对并联多重中介模型进行分析，最后只能得到 $x \rightarrow m_1 \rightarrow y$ 和 $x \rightarrow m_2 \rightarrow y$ 这两条中介路径之和，而分析不出每条路径的中介效应。如果使用假变量，就可以分析出每条中介路径的中介效应。在图 10-4 当中，最后计算出 p_2 和 p_4 的值就是 $x \rightarrow m_1 \rightarrow y$ 和 $x \rightarrow m_2 \rightarrow y$ 这两条路径的中介效应值。

10.3　多重中介模型：串联多重中介模型

在图 10-3 所示的串联多重中介模型中，自变量 x 经过 m_1 和 m_2 对因变量 y 产生影响。同样，在 Amos 软件当中分析出来的串联多重中介模型效应是总的中介效应，即自变量经过 m_1 和 m_2 对因变量产生的总的中介效应。当然，在 Amos 软件中也可以通过使用假变量的分析形式来对串联多重中介效应的每条路径进行分析，如图 10-5 所示。

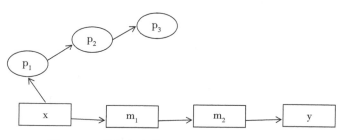

图 10-5　使用假变量分析的串联多重中介效应

如图 10-5 所示，p_3 的值是 x 经过 m_1 和 m_2 对 y 产生的总的中介效应，而 axb 则是 x 经过 m_1 对 m_2 产生的中介效应；bxc 是 m_1 经过 m_2 对 y 产生的中介效应。无论是并联多重中介模型还是串联多重中介模型，其观测变量和潜在变量都可以使用假变量进行多重中介效应的分析。

第11章

多群体差异分析

11.1　多群体分析

　　所谓的多群体分析是指在一个测量模型和结构模型当中，分析两个或者两个以上群体之间的参数差异。例如，在男性群体和女性群体当中，满意度对忠诚度产生的影响是否存在差异。多群体比较分析是检验模型的参数估计值是否随着群体的不同而存在一定的差异，即不同群体之间的参数值是否存在一定的差异性。

　　验证多群体分析的步骤如下所述。第一，对多个群体的参数进行单独估计，即对每个群体的参数进行单独分析。在进行单独估计时，使用的参数不是标准化的估计值而是非标准化的估计值。第二，使得多个群体之间的路径参数都相等，也就是设定制约模型来对群体之间的参数差异的显著性进行验证。第三，比较自由模型的 χ^2 值和制约模型的 χ^2 值。如果自由模型的拟合度比制约模型的拟合度好，就证明多个群体之间的路径系数存在一定的差异。

　　验证多群体之间的差异的另一种方法就是计算出 χ^2 的变化量。当 χ^2 的变化量具有统计学意义时，就证明多群体之间的路径系数存在一定的差异；如果不显著，就说明多群体之间的路径系数没有差异。χ^2 变化量的标准值为 3.84，如果高于 3.84 就证明在 $p < 0.05$ 的显著性水平下有着显著性差异。

11.2 路径系数的相对效应分析

所谓路径系数的相对效应分析是指在两个路径之间的关系当中，一条路径比起另一条路径而言会产生更大或者更小的影响力。例如，自变量为 x_1 和 x_2，因变量为 y。比起 x_2，x_1 对 y 所产生的影响力会更强或者更弱。这时，我们就可以设定 x_1 和 x_2 对 y 产生同样影响的制约模型、x_1 和 x_2 对 y 产生不同影响的自由模型。把自由模型和制约模型的 χ^2 值进行比较，其差异如果具有显著性，就证明两个群体之间的路径系数是不同的。使用 Amos 对路径系数的相对效应进行分析，一共有两种方法：一种方法是把自由模型和制约模型进行比较的方法；另一种方法是相对参数比较法。

（1）自由模型和制约模型的比较。首先，计算出两条路径的标准化回归系数。假如，x_1 对 y 产生的标准化回归系数为 0.30，x_2 对 y 产生的标准化回归系数为 0.15。从回归系数值当中，我们可以看出 x_1 对 y 产生的影响力要高于 x_2 对 y 产生的影响力，两条路径系数之间的差异为 0.15，但是这两条路径系数之间的差异值是否具有显著性，还需要进一步分析。这时，我们需要把模型设定为制约模型，即使 $x_1 \rightarrow y = x_2 \rightarrow y$，然后把制约模型的 χ^2 值与自由模型的 χ^2 值进行比较，如果 χ^2 的差异值大于 3.84，就能够证明两条路径之间的差异值是具有显著性的；相反，则路径之间的差异值是不具有统计学意义的。

（2）相对参数比较法。路径系数之间的相对效应分析也可以使用相对参数比较法进行。相对参数比较法是对每个参数的差异是否显著进行检验的方法。在 Amos 当中,我们需要单击"View → Analysis properites → Output → Critical ratios for differences",就可以得出参数差异的比较值,如果这个比较值大于 1.96,就证明路径参数之间存在显著性的差异。我们在分析出路径的回归系数时,回归系数后面都会有 Label,我们把两条路径所对应的 Label 在 Critical ratios for differences 表上进行对比,就能够判断出参数之间的差异是否具有统计学意义。例如,$x_1 \rightarrow y$ 产生的回归系数所对应的 Label 为 par3,而 $x_2 \rightarrow y$ 产生的回归系数所对应的 Label 为 par4,我们就需要在 Critical ratios for differences 表上寻找 par3 和 par4 所对应的数值,如果这个数值大于 1.96,就说明两条路径之间的参数值是存在显著性差异的;如果这个数值小于 1.96,则证明两条路径之间的参数值不存在显著性的差异。

11.3　控制变量

控制变量是指对自变量和因变量之间的关系产生影响的变量。通常情况下,我们在研究当中需要对控制变量进行控制,这样我们才能够得出自变量对因变量所产生的纯粹的影响关系。在模型研究当中,控制变量也是自变量的一种,会对因变量产生一定的影响。例如,当我们研究企业的广告模特对消费者所感知的广告态度产生怎样的影响时,需要控制一切对消费者广告态度产生影响的因素。因为,其他因素虽然会对广告态度产生影响,但不是研究者需要关心的因素。研究者的研究目的只是探讨广告模特对广告态度产生的影响关系，其他因素都不是研究者研究的范围。控制变量的概念模型如图 11-1 所示。

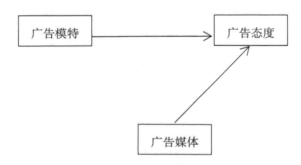

图 11-1　控制变量的概念模型

如图 11-1 所示，广告模特和广告媒体为自变量，广告态度为因变量。广告模特和广告媒体都对广告态度产生影响，当研究者的研究目的是研究广告模特对广告态度产生怎样的影响时，我们需要对另一个自变量控制，也就是对广告媒体控制，这样才能分析出广告模特对广告态度产生的纯粹的影响关系。

我们在分析模型时，模型的结构会随着控制变量不同而发生变化。例如，我们把控制变量作为控制变量时，在分析时就会不考虑这个变量或者把这个变量进行控制；而当我们把控制变量作为调节变量时，就需要考虑这个变量，并且需要对这个变量进行分析。还是上述的例子，当我们把广告媒体作为控制变量时，在分析的过程当中需要控制广告媒体这个变量；而当我们把广告媒体作为调节变量时，就需要对调节变量进行分析，其模型如图 11-2 所示。

验方法具有一定的局限性，即使模型能够很好地反映现实状况，也不可能与母群体进行很好的拟合。

第二，相似拟合检验。虽然在现实生活当中，研究者设定的模型不可能完全与母群体进行拟合，但是我们可以去检验模型与母群体之间的相似拟合度，即研究者设定的模型能够与母群体达到百分之多少的拟合程度。

上述两种对模型检验能力进行计算的方法都需要计算 RMSEA，如果研究者设定的模型能够完全反映母群体，则误差为 0，即 RMSEA 为 0。也就是说，H_0: RMSEA=0。同时，我们也需要指定研究假设的特定值，因为模型的检验能力是随着研究假设的参数值的变化而变化的。我们把这个特定值定为 0.05，即 H_1=0.05。当 RMSEA 小于 0.05 时，就证明模型与母群体的拟合程度很高；相反，大于 0.05 时则证明拟合程度很低。

在现有的显著性水平下，随着模型样本量和自由度的变化，模型的统计检验能力会随之产生一定的变化。当样本量增大时，模型的自由度也会随之增加，这时模型的统计检验能力会随之增强。

12.1　测量不变性

在多重群体分析当中，我们可以使用平均结构来对测量模型进行分析。我们可以通过平均结构的测量模型检验来验证测量模型的测量不变性，我们也可以以平均为基础来分析潜在变量群体之间的平均差异。

　　所谓的测量不变性又称为测量统一性，是指在不同的群体当中对同一属性进行测量的方法。测量不变性可以根据不变性的水准和程度区分为不同的性质，有形态不变性、Metric 不变性和 Scalar 不变性。Scalar 不变性比起形态不变性和 Metric 不变性而言，其需要的条件会更高。下面我们就具体了解一下这几个不变性到底有怎样的区别。

　　形态不变性。测量不变性需要经过一系列的检验才能完成，首先应该检验的就是形态的不变性。所谓的形态不变性是指不同的群体之间的同样的观测变量是否属于同一个潜在变量，即比较一下不同群体的因素组成是否相同。这时我们可以设定不同群体之间的竞争模型，检验模型之间的拟合度是否过关。此外，选择每个群体的竞争模型中的最拟合的模型，然后再同时分析自由模型的模型拟合度，如果拟合度过关，就证明满足形态不变性的条件。

　　Metric 不变性。Metric 不变性指的是用来验证各个群体的因子系数是否相同，即 $A_1=A_2=\cdots=A_n$。只有当 Metric 不变性过关，也就是说每个群体之间的因子系数相等或者相同，才能对各个群体之间的数据进行比较。为了验证 Metric 不变性，研究者需要把形态不变性当中所获得的基础模型与因子系数限制的制约模型进行对比，然后计算出两种模型之间的 χ^2 差异值。如果这个差异值不具有显著性，就证明 Metric 不变性成立；如果这个差异值具有显著性，就证明 Metric 不变性不成立。只有当 Metric 不变性成立时，各群体之间的差异比较才有意义。

　　Scalar 不变性。Scalar 不变性是指在潜在变量当中有着相同值的应答者，即使在不同的群体当中也会有相同的观测变量值。

Scalar 不变性是在 Metric 不变性的基础上使截距相等、对模型进行制约的模型。为了比较群体之间潜在变量的平均值，最基础的条件就是要让 Scalar 不变性具有显著性。

我们根据不变性的程度可以把不变性分为完全不变性和部分不变性。完全不变性是指在不同的群体当中测量不变性是相等的，而部分不变性是指在不同的群体当中测量不变性略有不同。

下面，我们通过一个案例来具体了解一下潜在平均分析的概念。

我们的目的是分析男性群体和女性群体之间的社会依赖和自律性是否具有显著性的差异。潜在平均分析的模型如图 12-1 所示。

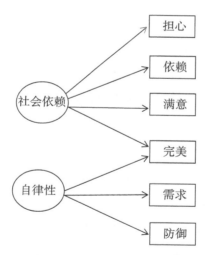

图 12-1　潜在平均分析的模型

图 12-1 所示潜在平均分析的模型用于测量社会依赖和自律性，社会依赖是由担心、依赖、满意和完美 4 个测量指标构成的，而自律性是由完美、需求和防御 3 个指标构成的。上述模型来自

Hong 等（2003）的研究。

形态不变性的检验。我们在 Amos 软件当中，点击 "Manage Groups" 窗口，然后在群体名称当中输入 "男性" 和 "女性"。然后在 "Data files" 当中把收集的数据输入 Amos 软件当中，点击执行，就能得到分析结果。如果分析结果当中的 χ^2 值和拟合度指数均通过，就能够证明模型具有形态不变性。

Metric 不变性检验。为了检验 Metric 不变性，首先我们需要对男性群体和女性群体之间的因子载荷量进行限制，即使得两个群体之间的因子载荷量相等。在模型当中，把两个群体之间的因子载荷系数设定为相同的数字或者字母，如 a 或者 b、1 或者 2 等。这时，如果我们分析结果当中的 χ^2 值和拟合度均通过，我们需要把之前在形态不变性当中得到的 χ^2 值和验证 Metric 不变性得到的 χ^2 值进行对比。如果两个模型当中的 χ^2 值之间的差异性不显著，就证明模型是具有 Metric 不变性的；如果两个模型当中的 χ^2 值之间的差异值具有统计学意义，就证明模型不具有 Metric 不变性。

Scalar 不变性的验证。Scalar 不变性的验证是在 Metric 不变性的基础上对模型的截距进行限制。具体的步骤如下：在 "Viewd" 菜单当中点击 "Analysis properties"，然后点击 "Estimation→Estimate means and intercepts"，使得两个群体当中的因子平均和残差平均均为 0；点击 "Estimatemeans and intercepts" 窗口，出现 0 和逗号。在 Amos 当中，逗号代表变量的平均和方差的值。

［a，0］：a 表示的是平均的值，0 表示的是方差。

［0，1］：平均的值是 0，方差是 1。

［0，　］：把平均的值固定为 0，对方差进行自由的参数

估计。

[,1]：对平均的值进行自由的参数估计，把方差值固定为 1。

这时，对因子平均当中的一个因子进行自由的参数估计，首先需要选择多个群体当中的一个潜在变量，去除潜在变量平均为 0 的平均指数。然后，对男性群体和女性群体的截距进行制约，即让两个群体之间的截距数相等。此外，还需要对两个群体之间的因子载荷值进行制约，即需要使得两个群体之间的因子载荷相等。经过以上操作，最终得到的模型如图 12-2 所示。

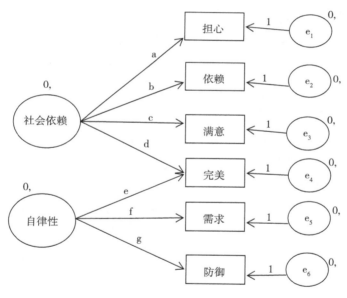

图 12-2　Scalar 不变性的验证模型

对图 12-2 所示模型进行分析，可以得到模型的拟合度和分析结果，在模型拟合度通过的情况下，把图 12-1 和图 12-2 所示模型的 χ^2 值之间的差异进行检验，得出自由度和显著性水平。为了验证指标的不变性，我们使用修正指数（Mi）进行检验。检验结果当中有两个指标的观测变量 Scalar 不变性没有通过。然后，对这两个没有通过的测量指标解除制约，然后再进行分析检验，直到模型的 χ^2 值和拟合度指数通过为止。

下面，我们来对因子方差的不变性进行验证。首先需要选定潜在变量，然后点击"Object properties"的"Parameters"窗口当中的"Variance"，输入方差的名称，然后进行分析，分析的过程与 Scalar 不变性的分析过程相同，最后得出 χ^2 值和拟合度指数。如果 χ^2 值大于 3.84，显著性水平具有统计学意义，拟合度指数又符合拟合度的标准，就证明对模型因子方差不变性的检验是显著的。模型测量不变性的检验如表 12-3 所示。

表 12-3　模型测量不变性的检验

不变性的程度	χ^2	df	TLI	RMSEA
形态不变性	>3.84	N-1	>0.9	<0.08
完全 Metric 不变性	>3.84	N-1	>0.9	<0.08
完全 Metric 以及完全 Scalar	>3.84	N-1	>0.9	<0.08
完全 Metric 以及部分 Scalar	>3.84	N-1	>0.9	<0.08
完全 Metric、部分 Scalar、因子方差不变性	>3.84	N-1	>0.9	<0.08

12.2　潜在平均分析的路径及验证

所谓的潜在平均分析是指通过对测量不变性的检验，以多个群体之间的测量统一性为前提来进行分析。在传统的统计方法当中，我们为了分析群体之间的差异，通常用到的分析方法是 t 检

验和方差分析，但是由于这两种方法使用的是观测变量，所以容
易受到测量误差的影响而使得分析结果出现错误；而潜在平均分
析是在潜在变量当中对测量误差进行控制，所以潜在平均分析得
出来的结果比传统的 t 检验或者方差分析要准确一些。

　　在潜在平均分析当中，把 1 这个常数作为自变量来使用，
而所需要估计的模型当中的回归系数则是模型的潜在平均值，
即 a = β（1）+ e，a 表示的是因子，β 表示的是回归系数，e 表示
的是误差项。那么，我们可以得出因子的潜在平均为 E(a)= β +E(e)。
这时，在误差的平均为 0 的前提下，潜在平均数等于模型的回归系数。

　　在潜在平均分析当中，因子的平均是不可能直接进行估计的。
假设我们把一个群体的潜在平均固定为 0，才可以对另一个群体
的潜在平均进行估计，即在参照群体的潜在平均为 0 的状态下，
另一个群体的潜在平均为 β，那么这两个群体之间的潜在平均
是存在差异的。潜在平均分析的路径图如图 12-3 所示。

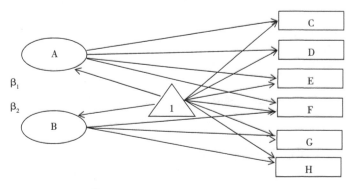

图 12-3　潜在平均分析的路径图

　　如图 12-3 所示，A、B 为潜在变量，A 的测量指标为 C、D、
E、F 4 个测量指标；B 的测量指标为 F、G、H 3 个测量指标。我
们的目的是检验 A、B 两个潜在变量在男性群体和女性群体当中

是否存在显著的差异。把男性和女性两个群体分析出的标准化回归系数值代入下列公式，就能够计算出两个群体的效果大小。公式如下所示。

$$D=M_1-M_2/\sqrt{(\theta_1+\theta_2)/2}$$

把计算出的两个群体的效果代入相关网页当中进行计算。输入两个群体的标准误差，就能够得出两个群体之间效果的比较大小。

下面，我们通过具体的例子来对测量不变性和潜在平均分析进行验证，模型如图 12-4 所示。

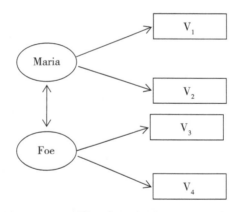

图 12-4 测量不变性和潜在平均分析的验证

（1）测量不变性的检验。在 Amos 软件当中的"Analyze"菜单当中，点击模型管理，在名称栏中输入名称。在"Data files"当中拖入或者是录入数据。然后对数据进行分析，如果分析结果为 χ^2 大于 3.84，TLI 和 RMSEA 拟合度指数都符合标准，就证明模型的形态不变性是过关的。然后，把两个群体之间的观测变量与潜在变量所连接的因子系数设定为制约模型，即使得两个群组的因子系数相等。再把两个模型之间的 χ^2 值之间的差异进行对比，如果显著性水平不过关，就说明模型具有 Metric 不变性。

为了检验 Scalar 不变性，在"View"的窗口当中，点击"Estimate means and intercepts"，使得两个群组之间的因子平均为 0，残差平均为 0。然后，再让每个观测变量的截距相等。计算出 χ^2 值和拟合度指数，χ^2 值和拟合度指数都过关，就说明模型当中具有 Scalar 不变性。

（2）潜在平均分析。在对测量不变性检验完成之后，我们以测量不变性为基础来分析模型群组之间的潜在平均分析。

首先，我们把两个群组之间的每个参数进行固定，然后把潜在变量的平均设定为 0，方差设定为 0。对两个群组的潜在变量的方差进行自由估计，对观测变量的误差项不进行估计，把观测变量的误差项设定为 0，自由估计两个群组之间的方差。

然后，对两个群组之间的所有因子载荷值进行限制，两个群组共同设定为 1。对两个群组之间的截距进行限制，使得两个群组之间的截距相等。把其中一个群组设定为参照群组，对参照群组的因子平均值进行自由估计；把另一个群组的因子固定为 0。接着，分析出 χ^2 值和拟合度指数，χ^2 值和拟合度指数都符合标准才能进行最后的模型参数的潜在平均比较。

最后，计算出两个群组的因子平均值，然后比较一下这两个群组的因子平均值。如果这两个因子平均值的比较具有统计学意义，即 $p<0.05$，就能够证明两个群组之间是存在显著性差异的，再根据因子平均值的大小判断哪个群组的平均值更高。

如果验证了各组之间测量的等效性，就可以比较模型之间的因子平均值。如果想要确认群组之间是否存在差异，就需要把几个群组中的一组设定为参照组，将因子平均固定为 0，并对测量原点的相同化实施制约性，剩下几组的因子平均将与参照组进行对比并被计算出来。在潜在平均分析当中，还需要对问项的差异进行检验。所谓的问项的差异是指某一构成概念根据所在群体的不同而做出不同的反应，通常也称为检查偏向。如果在问项中具有歧视功能并不一定意味着具有否定的结果，可能会出现不同群组做出不同反应的脉络性因素，如受检者的性别、文化、价值观等多种因素。因此，我们需要确认各群体之间是否存在问项的歧视问题，并了解产生问项歧视的原因。

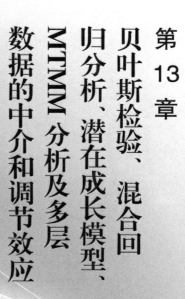

第 13 章

贝叶斯检验、混合回归分析、潜在成长模型、MTMM 分析及多层数据的中介和调节效应

本章我们一起了解结构方程模型当中比较高级的一些分析方法，包括贝叶斯检验、混合回归模型分析、分析时间序列和面板数据趋势的潜在成长模型及多属性多方法的分析——MTMM 分析。掌握了这些方法，相信大家就已经步入了结构方程模型的高级阶段。

13.1　贝叶斯检验

众所周知，在最优拟合优度法和假设检验当中，我们需要估计的参数的真正的值虽然是固定的，但是我们在分析时是不知道的。通常情况下，我们是通过从样本当中估计出来的值来预测母群体参数的值。相反，贝叶斯检验是在已知的概率统计中，应用观察到的现象对有关概率分布的主观判断进行修正的标准方法。在贝叶斯检验当中，真正的模型参数是不为人知的，可以使用集合概率分布来对模型的参数进行估计。

所谓贝叶斯公式，是指当分析样本大到接近总体数时，样本中事件发生的概率将接近于总体中事件发生的概率。但是，行为经济学家发现，人们在决策过程中往往并不遵循贝叶斯法则，而是给予最近发生的事件和最新的经验以更多的权值，在决策和做出判断时过分看重近期的事件。面对复杂而笼统的问题，人们往往会走捷径，依据可能性而非概率来进行决策。这种对经典模型的系统性偏离称为"偏差"。由于心理偏差的存在，投资者在进行决策判断时并非绝对理性，会产生一定的行为偏差，进而影响资本市场上价格的变动。长期以来，由于缺乏有力的替代工具，经济学家不得不在分析中坚持应用贝叶斯法则。

通常，事件 A 在事件 B（发生）的条件下的概率，与事件 B 在事件 A（发生）的条件下的概率是不一样的。然而，这两者是有确定的关系，贝叶斯法则就是这种关系的陈述。

作为一个规范的原理，贝叶斯法则对所有概率的解释都是有效的。然而，频率主义者和贝叶斯主义者对于在应用中概率如何被赋值有着不同的看法：频率主义者根据随机事件发生的频率，或者总体样本里面的个数来赋值概率；贝叶斯主义者则根据未知的命题来赋值概率。结果就是，贝叶斯主义者有更多的机会使用贝叶斯法则。

贝叶斯法则是关于随机事件 A 和 B 的条件概率和边缘概率的。其公式如下所示。

$$P(A_i|B) = \frac{P(B|A_i) \, P(A_i)}{\sum_j P(B|A_j) \, P(A_j)}$$

其中，P(A|B)是在事件 B 发生的情况下事件 A 发生的可能性。$A_1, \cdots, A_n$ 为完备事件组，即 $U_{i=1}^n A_i = \Omega$，$A_i A_j = \phi$，$P(A_i) > 0$。在贝叶斯法则中，每个名词都有约定俗成的名称。

Pr（A）是 A 的先验概率或边缘概率。之所以称为"先验"，是因为它不考虑任何 B 方面的因素。

Pr（A|B）是已知 B 发生后 A 的条件概率，也由于得自 B 的取值而被称作 A 的后验概率。

Pr（B|A）是已知 A 发生后 B 的条件概率，也由于得自 A 的取值而被称作 B 的后验概率。

Pr（B）是 B 的先验概率或边缘概率，也作标准化常量（Normalized Constant）。

　　下面，我们使用 Amos 软件来对参数进行贝叶斯检验。在 Amos 软件当中，我们通常使用 Markov Chain Monte Carlo（MCMC）方法来进行贝叶斯检验。首先，我们需要对变量的平均和模型的截距进行设定，在"View"窗口上点击"Analysis properties"的"Estimation"菜单的"Estimate means and intercepts"，就可以对平均和截距进行设定。

　　在"Analyze"菜单当中点击"Bayesian Estimation"，出现"贝叶斯检验"的按键，点击"贝叶斯检验"，就能够弹出数据分析结果的显示窗口。在"贝叶斯检验"窗口当中点击"Convergence statistic"，当统计值为红色时，证明在进行数据样本抽取；当统计值变为黄色时，证明样本抽取完成。使用贝叶斯检验分析出的参数的数值和使用一般方法分析出的参数的数值是不一样的，贝叶斯检验得出的参数值要好于一般方法所估计的参数值。

13.2　混合回归分析

　　在社会科学领域当中，我们经常使用的回归分析是从母群体当中抽取一部分样本，在样本一致的前提下，研究自变量对因变量产生的影响关系。但是，母群体的同质化在现实当中是不太可能的，从母群体当中抽取样本，把样本分为几个群体是可能实现的。混合回归分析是以假定下层群体同质为前提的实施回归分析的方法。也就是说，混合回归模型是假设所有的解释变量对被解释变量的边际影响与个体无关所实施的回归分析。

　　从时间上看，不同个体之间不存在显著性差异；从截面上看，不同截面之间也不存在显著性差异。对个体从横向和纵向上进行比较，都不存在显著性差异时，我们可以把面板数据混在一起进行参数的估计。混合回归模型是假设所有的解释变量对被解释变量的边际影响与个体无关，但这与实际情况一般不符，因此，在确定回归模型结果是否有效之前，需要对面板数据进行模型检验，通常是使用 F 检验，F 检验过关了才能使用混合回归分析。

提到混合回归分析，就不得不说混合线性模型，很多研究者把两者混为一谈，甚至把他们当作一种方法使用，这是错误的。这两种方法并不相同，还存在很大的差异。

混合线性模型是 20 世纪 80 年代初针对统计资料的非独立性而发展起来的。由于该模型的理论起源较多，根据所从事的领域、模型用途，又可称为多水平模型（Multilevel Mondel，MLM）、随机系数模型（Random Coefficients Model，RCM）、等级线性模型（Hierarchical Linear Model，HLM）等，甚至和广义估计方程也有很大的交叉。这种模型充分考虑到数据聚集性的问题，可以在数据存在聚集性的时候对影响因素进行正确的估计和假设检验。不仅如此，它还可以对变异的影响因素加以分析，即哪些因素导致了数据间聚集性的出现、哪些因素又会导致个体间变异增大。

在传统的线性模型（$Y = Xb+e$）中，除 X 与 Y 之间的线性关系外，对反应变量 Y 还有 3 个假定：①正态性，即 Y 来自正态性分布总体；②独立性，Y 的不同观察值之间的相关系数为 0；③方差齐性，各 Y 值的方差相等。在实际研究中，经常会遇到一些资料，它们并不能完全满足上述 3 个条件。例如，当 Y 为分类反应变量时，如性别分为男、女，婚姻状态为已婚、未婚，

学生成绩是及格、不及格等，不能满足条件①。当 Y 具有群体
特性时，如在抽样调查中，被调查者会来自不同的城市、不同
的学校，这就形成一个层次结构，高层为城市、中层为学校、
低层为学生。显然，同一城市或同一学校的学生各方面的特征
应当更加相似。也就是基本的观察单位聚集在更高层次的不同
单位中，如同一城市的学生数据具有相关性，不能满足条件②。
当自变量 X 具有随机误差时，这种误差会传递给 Y，使得 Y 不
能满足条件③。

如果对不满足正态性、独立性、方差齐性 3 个适用条件的资
料采用传统的分析方法，对所有样本一视同仁，建立回归方程，
就会带来如下 3 个问题。

（1）参数估计值不再具有最小方差线性无偏性。

（2）会严重低估回归系数的标准误差。

（3）容易导致估计值过高，使常用的检验失效，从而增加
统计检验 I 型错误发生的概率。

如果我们对不同的群体分别建立各自的回归模型，当群体
数较少，群体内样本容量较大，传统的分析方法可能是有效的。
或者，我们的兴趣仅在于对这些群体分别做一些统计推断时，
也可以使用这种方法。如果我们把这些群体看成从总体中抽样
出来的一个样本（例如多阶段抽样和重复测度数据），并想分
析不同群体之间的总体差异，那么简单地使用传统的统计方法
是远远不够的。同理，如果一些群体包含的样本容量较少，对
这些群体做出的推断也不可靠。因此，我们需要把这些群体看
成从总体抽样出来的样本，并使用样本总体的信息来进行推断。

混合线性模型的结构如下：

$$Y = X\beta + \varepsilon$$

上式中的 Y 表示反应变量的测量值向量，X 为固定效应自变量的设计矩阵，β 是与 X 对应的固定效应参数向量，e 为剩余误差向量。$X\beta$ 为在 X 条件下的 Y 的平均值向量。e 假定为独立、等方差及均值为 0 的正态性分布，即：

$$\varepsilon \sim N\,(\,0,\ \sigma_e^2\,)$$

用最小二乘法求参数 β 的估计值 B。

混合线性模型将一般线性模型扩展为：

$$Y = X\beta + Z\Gamma + \varepsilon$$

上式中 Z 为随机效应变量构造的设计矩阵，其构成方式与 X 相同。Γ 为随机效应参数向量，服从均值向量为 0，方差、协方差矩阵为 G 的正态性分布，表示为：

$$\Gamma \sim N\,(\,0,\ G\,)$$

e 为随机误差向量，放宽了对 e 的限制条件，其元素不必为独立同分布，即对 E 没有 $\mathrm{Var}\,(\varepsilon) = \sigma_e^2$ 及 $\mathrm{Cou}\,(\varepsilon_i,\varepsilon_j) = 0$ 的假定。用符号表示随机误差向量 $\varepsilon \sim N\,(0,\ R)$，不要求 e 的方差、协方差矩阵 R 的主对角元素为 θ、非主对角元素为 0。同时假定 $\mathrm{Cov}\,(G,\ R) = 0$，即 G 与 R 间无相关关系。这时 Y 的方差、协方差矩阵变为：

$$\mathrm{Var}\,(Y) = ZGZ + R$$

Y 的期望值为：

$$E\,(Y) = X\beta$$

当 Z=0，$R = \sigma_e^2 I$ 时，混合线形模型转变为一般线形模型。

下面，我们使用 Amos 结构方程模型软件来对混合回归分析进行检验。首先，在"Analyze"菜单当中点击"Manage

Groups"。因为是分析多群组混合回归模型，所以在模型群组名
称当中输入群体 1 和群体 2 的名称，也可以输入更多的群组名
称。然后，在"File"菜单中点击"Data files"，把已经收集好
的数据导入 Amos 软件当中，再分别点击群组 1 和群组 2，把群
组 1 和群组 2 的数据分别导入两个群体当中。最后，在"View"
菜单的"Analysis properties"窗口中点击"Estimate means and
intercepts"，在"Analyze"当中点击"贝叶斯检验"，就能够得
出分析结果。混合回归分析模型如图 13-1 所示。

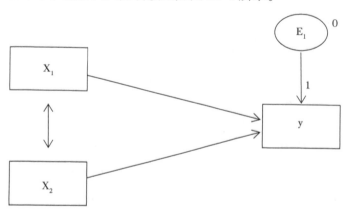

图 13-1　混合回归分析模型

13.3　潜在成长模型

所谓的潜在成长模型又称为潜在成长曲线模型，它是以测
量 3 次以上的面板数据为分析对象，来分析群组和个人之间的
参数变化程度大小。通常情况下，潜在成长模型是分析二阶段
的模型。第一阶段是以同一群组为分析对象，对分析对象的变

量反复测量。例如，对同一个班级的月度考试、期中考试和期末考试进行反复的测量和持续分析，看一下考试成绩随着时间是怎样发生变化的。这也被称为非条件模型，非条件模型分为个人内模型和个人间模型。个人内模型的公式如下所示。

$$Y_{ij}=a_i+\beta_i t_j+e_{ij}$$

Y_{ij} 是指随着时间 j 的变化，个人 i 的因变量的变化程度。a_i 是指个人 i 的初期状态，β_i 是指个人 i 的变化比率，t_j 是测量的时间，e_{ij} 是个人 i 随着时间 j 的变化而产生的误差。个人内模型也称为一阶段模型。

个人间模型的公式如下所示。

$$A_i=u_1+Sai \qquad \beta_i=u_2+Sdi$$

u_1 和 u_2 是指各个初期状态和变化率的群组平均数，Sai 是指个人 i 脱离群组平均的程度，Sdi 是个人 i 脱离变化率的程度。个人间模型也被称为二阶段模型。在二阶段模型当中，需要分析随着时间的变化，变量是怎样发生变化的。例如，对学生成绩产生重要影响的因素是教师的授课能力，随着时间的变化，教师的授课能力对学生的学习成绩产生怎样的影响的变化程度。这样的模型称为条件模型。

在条件模型当中，被分为一阶段和二阶段，一阶段的方程式与非条件模型的方程式相同，但二阶段的方程式与非条件模型的方程式不同。在条件模型当中，二阶段的方程式是由截距和斜率值决定的。

在结构方程模型当中，为了对潜在成长模型进行分析，需要满足以下几个条件：①因变量必须是连续型变量，而且至少需要重复测量 3 次以上；②变量的测量单位随着时间的变化必须要相同；③群组当中的分析对象的时间间隔必须相同。例如，对某个年级一年来学生的学习成绩进行测量，1 班时间间隔为 2 个月、4 个月、6 个月、8 个月；2 班也得是相同的时间间隔，不能是 1 个月、3 个月、5 个月。如果时间间隔不同，又把数据混在一起，这是无法进行分析的。

下面，我们使用 Amos 软件来对潜在成长模型进行分析。

（1）非条件模型。在 "Pugins" 菜单中点击 "Growth gurve model"，然后在测量时间当中填写 "4"，点击 "Ok"，就会出现如图 13-2 所示的模型。

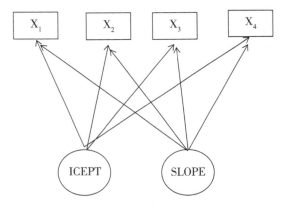

图 13-2　潜在成长模型

ICEPT 表示截距，也就是模型的初期值，即第一个时间点的数值。SLOPE 指的是模型变量的变化率，观测变量 X_1、X_2、X_3、X_4 是变量经过 4 个时间点来进行测量的。当然，变量的名称需要与数据当中变量的名称一致。

我们假定 ICEPT 和 SLOPE 之间存在着共同的方差，这时两者之间的共同方差估计值就是初期值，即第一个时间点值的连续变化程度。当共同方差估计值为正(+)时，就说明随着时间的变化，变量的数值是随之增加的；如果共同方差估计值为负（－），就说明随着时间的变化，变量的数值随之减少。例如，当共同方差估计值为正（＋）时，学生的考试成绩是随着时间的变化而增加的；而如果共同方差估计值为负（－），那么学生的考试成绩就是随着时间的变化逐渐下降的。

ICEPT 的平均值是反映测量误差的初期值的平均值，也就是全体样本的平均值。ICEPT 的方差是个人初期值的个人差的范围。SLOPE 的平均值也是反映测量误差的变化的平均值，SLOPE 的方差也是随着时间的变化，变化率的个人之间差异的移动范围。

在对潜在成长模型进行分析时，需要把 ICEPT 的各个因子载荷值均固定为 1，因为 ICEPT 回归方程当中的截距是类似的，所以需要把 ICEPT 的非标准化因子载荷值固定为 1。把 SLOPE 的因子载荷值固定为（1，2，3，4），这是把变化率设定为正（＋）的线性模型；如果把模型设定为负（－）的线性模型，就需要把 SLOPE 的因子载荷值固定为（4，3，2，1）。

如果模型为非线性模型，那么我们可以把 SLOPE 的因子载荷值设定为（0，1，4，9），这就表示随着时间的变化，变量变化率的变化是呈现非线性的状态。为了估计模型的平均值和截距，我们需要在"View"的菜单当中点击"Analysis properties"，然后再点击"Estimate means and intercepts"，就可以估计变量的平均值和截距。在"Parameters"窗口中点击"Mean"，然后把平均值设定为 0，点击"Intercept"，把截距设定为 0。

（2）条件模型。我们以年龄为例，分析随着年龄的变化，截距和斜率的变化程度。首先我们在 ICEPT 和 SLOPE 上面添加误差变量。点击"Name unoberved variable"自动赋予误差项名称，把两个误差项相连接，设定两个误差项之间的公方差，把误差变量的平均固定为 0，在路径图上添加年龄这个变量，把年龄数据拖曳至变量方框当中，设定年龄对 ICEPT 和 SLOPE 产生影响关系。潜在成长模型的条件模型如图 13-3 所示。

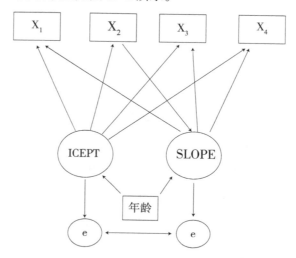

图 13-3　潜在成长模型：条件模型

对图 13-3 所示模型进行分析得出以下结果：模型拟合度需要过关，即 χ^2 值需要大于 3.84，GFI、NFI 等模型拟合指数要大于 0.9，RMSEA 等指数要小于 0.08。假定年龄对 ICEPT 所产生的路径系数为 0.28，对 SLOPE 产生的路径系数为 0.20，显著性水平具有统计学意义，就能够证明随着年龄的增长，ICEPT 和 SLOPE 也是增长的，年龄增长一个单位，4 次测量期间 ICEPT 增加 0.28 个单位、SLOPE 增加 0.20 个单位。

13.4　共同方法变异

共同方法变异（Common Method Variance，CMV）是指两个变量之间变异的重叠是因为使用同类测量工具导致的，而不是代表潜在概念之间的真实关系。在使用测量方法的研究中，数据来源越单一，测量方法越类似，CMV效应使研究结果产生偏差的可能性越大。共同方法变异是由系统性误差引起的，使得概念之间真实的关系产生偏误。

在结构方程模型当中，我们需要对变量的测量误差进行估计。测量误差分为系统性测量误差和非系统性测量误差，在传统的结构方程模型分析当中，我们没有把系统性测量误差和非系统性测量误差分开，而是合在一起进行分析。通过对共同方法变异的分析，我们把系统性测量误差和非系统性测量误差进行了区分。

在心理学的应用当中，测量误差包括系统性测量误差和非系统性测量误差，共同方法变异是一种系统性测量误差。它是由于同样的数据来源或者同样的评分者、同样的测量环境、项目语境及项目本身特征所造成的预测变量与指标变量之间的人为共变。

共同方法变异的来源包括以下几个方面。

（1）来自同样的数据或者是回答者。这种情况容易引起自我报告的偏差。所谓的自我报告偏差是指由于同一个评分者对潜在变量和指标做出同样的反应而造成的潜在变量、指标之间所产生的人为共变。

①一致性倾向。通常情况下，人们会刻意地保持对某种状态

认知和态度的一致性倾向，因此回答者在对问卷进行填写时试图
对类似的问题保持回答的一致性或者按一致性的意愿去组织答案
回答问卷上的问题。

②内隐理论、虚假相关（Illusory Correlation）。所谓的内隐
理论是指人们对某个事物或者事物之间关系的内在看法和观点。
虚假相关是指由于评分者对指标之间关系的理解偏差或者是一致
性的倾向，从而导致了测量指标之间产生了某种系统扭曲的关系。

③社会称许性（Social Desirability）。社会称许性是指评分
者不管或者是忽略了自己对某种事物的真实看法或者想法，从而
刻意地根据社会的发展趋势来给出自己的看法。这种情况会导致
变量之间的虚拟关系，使得研究者无法探究变量之间真实存在的
关系，给社会科学研究带来负面的影响，造成了变量之间关系的
扭曲。

④宽大效应（Lenience Effect）。宽大效应是指评分者对问
题进行过高或者过低的评分，从而使得对变量之间关系的回答缺
乏一致性或者系统性。

⑤默认。默认是指评分者在对指标问题做出反应时，不管指
标所呈现的内容，而只针对指标本身在态度上的表述做出的反应。
默认会使得那些在现实当中毫无关系的变量，由于答案的相似或
者相近，显现出虚假相关关系。

⑥积极或消极的情感。研究者希望得到的是评分者对指标
的客观的反应；而在现实当中，评分者的反应往往会受其情感
所左右。

⑦短暂的情绪状态。由于人们是在某种特定的情绪状态下对
指标的问题做出的反应，因此这种短暂的特殊的情绪状态会造成

自我报告法测量中潜在变量与指标变量之间的人为共变。

（2）指标特征造成的偏差。

①指标社会称许性、指标问题特征。也就是说，观测变量或者潜在变量在现实当中具有太高或者太低的社会称许性，那么所测量出的变量之间的真实相关性就会呈现出太高或者太低等不真实的情况。

②指标复杂性或模糊性。指标复杂性或模糊性是由于问卷当中存在着过多的模棱两可的问题，或者使用了多义词或过于专业的术语、过于口语化的表述及生僻词等造成的。评分者不得不对指标的真实意思进行猜测，这就造成了评分随意性的增多，使得变量之间的真实关系无法呈现。

③量表格式与标定。由于整个问卷会使用相同的量表格式，这样就会使得问卷标准化，但也会由于格式的固定化使得变量之间共变的可能性增加。

④消极用语或反向编码指标。反向编码指标会人为地造成整体数据的系统性的不均衡现象。先行研究发现，只要有10%的评分者没有对反向编码指标做出正确且及时的反应，那么就会产生消极用语指标效应。

（3）指标内容语境导致的偏差指标语境效应是指，由于某个观测变量与潜在变量之间的上下文联系不清，造成的评分者对指标或者构成概念之间的理解偏差。

①指标启动效应。所谓的指标启动效应是指先前对指标进行的加工活动对随后对指标的加工活动所起的有利作用。在对某一指标进行信息加工之后，与之相关的指标信息会随之呈现出来。

②指标嵌套。当一个测量指标嵌入消极或者积极的用语当中

时，这些指标就会对消极或者积极的用语做出一些连锁反应，如认知滞后效应、变色龙效应等。

③语境诱发情绪。问卷当中呈现出来的问题的敏感性有可能造成评分者情绪起伏，诱发评分者积极或者消极的情绪，从而会对后面问题的作答产生一定的影响，这样也会造成变量之间关系的不真实性。

④量表长度。经验表明，问卷当中的问题项目数不应超过70 个，但也不宜太少。如果问题过多，会造成评分者倦怠，从而无法反映真实的状况；如果问题过少，则无法对真实情况进行测量。

⑤混合不同概念的指标。如果问卷中采用的概念意义相近，由于评分者区分意义相近的概念是非常困难的，所以会增大概念指标之间的相关性。

（4）测量环境导致的偏差。

①测量的时间、地点。在不同的时间点测量不同的概念，也会造成指标之间的偏差。

②使用同样的测量媒介。研究表明，相较于通过网络收集的问卷调查或者评分者自己填写的问卷，面对面地访谈会造成更多的社会称许性或更低的精确性。

很多理论模型一般采用认知加工的观点，基本步骤包括：理解、提取、判断、反应选择、做出反应。在不同的阶段产生的最大效应的方法偏差源是不同的。

（1）理解阶段。最大共同方法偏差源是由指标的模糊性造成的。问卷问题的表述越模糊，评分者对其的理解就会越困难，使得评分者很难分辨出概念之间的关系。

（2）提取阶段。提取是基于理解阶段而产生的，是评分者对于自己理解的内容进行系统归纳后提取出来的内容。环境和情绪会对提取产生影响。

（3）判断阶段。评分者通过经验、推理和预测来对记忆空白进行填补的过程当中会受到方法偏差的影响，而方法偏差会影响评分者对客观事实的评价和判断，从而做出错误的评价。

（4）反应选择阶段。评分者需要将自己的判断与研究者提供的问题选项相匹配。

同样的量表格式是产生共同方法变异的最重要的因素。另外，当使用同样问卷的问题时，评分者对前面问题做出的回答会影响对后面问题的评分。因此，研究者在设定问卷时需要保证问卷问题的一致性和系统性。

（5）做出反应阶段。该阶段是以评分者对指标的理解、提取和判断为基础，根据回答的一致性和系统性来对问卷的问题做出正确和真实的反应。

对于共同方法变异的控制有两条途径：程序控制和统计控制。

研究者首先需要考虑程序控制，所谓程序控制是指研究者事先预测出变量与指标之间的共同之处，然后通过对问卷指标的设计来消除或者减少这种影响。

（1）从不同来源测量变量与指标，可以消除由一致性、内隐理论、社会称许性、短暂的情感或者情绪状态所产生的效应，以及由于部分评分者的默认或宽大反应所造成的共同方法变异效应。

（2）对测量进行时间、空间、心理和方法上的分离。时间：

在对预测变量和指标变量进行测量时，不要同时进行测量，需要间隔一段时间来进行测量。心理：不要刻意诱导评分者给出研究者希望的答案。空间：要使用不同的测量工具对指标进行测量，由此可以消除环境对指标测量产生的影响，减少反应过程中信息提取的偏误。

（3）保护评分者的隐私，减小其对研究目的的猜测程度。

（4）平衡指标与指标之间的顺序效应。控制指标的启动效应，减少指标问题的诱导程度及由于评分者情绪或者情感而产生的相关偏差。

（5）改进量表的问题。如减少模糊性。

统计控制的具体方法有以下几种。

（1）Harman 单因素检验。如果模型当中存在着大量的方法变异，那么在进行因素分析时，需要分析出一个单独的因子，这个单独因子需要满足的条件是能够解释公共因子的大部分变量的变异，但是这种方法并不是很精确。

（2）偏相关法。将方法变异来源作为统计分析中的一个协变量。可以用 3 种方法进行分析：一是分离出可测量的方法变异协变量；二是分离出一个单独的标签变量；三是分离出第一因子，并且第一因子能够解释大部分的变量变异。

（3）潜在误差变量控制法。采用结构方程模型，将共同方法变异作为一个潜在变量，如果在包含共同方法变异潜在变量的情况下显著拟合度优于不包含共同方法变异潜在变量时，则说明对共同方法变异效应进行了有效的控制。

（4）MTMM 模型，即多属性 – 多方法模型。

（5）相关独特性模型。

（6）直接乘积模型。

所有测量变量的方差均是由属性方差＝真方差、方法变异＝系统性测量误差、误差变异＝任意测量误差等3个部分组成的，那么，总方差＝真方差＋系统性测量误差＋任意测量误差

共同方法变异产生的原因在于对相同的对象进行测量时，使用了同样的测量工具。具体的原因如表13-1所示。

表13-1 共同方法变异产生的原因

共同评价者效果	题目属性效果	题目状况	测量状况
一贯性动机	题目的社会希望	题目效果	相同时间点的测量
默认理论	题目的应答属性	题目的内在性	相同地点的测量
社会期望	题目的模糊性	尺度大小	相同媒介的测量
宽大变异	共同尺度		
感情状态	积极/消极的问项		
暂时感情状态			

表13-1中提到的社会期望是指关于特定的问项，与其说是回答者自己的想法，不如说是为了反映整个社会而填写的答案。也就是说，应答者对于这个问项不是源自自己的感情状态回答的，而是为了顺应社会的趋势来回答的。感情状态是指应答者自己对世界的看法，包括积极的状态或者消极的状态。

在结构方程模型当中，共同方法变异的评价方法有3种。

第一种，以社会期望或者积极情感作为评价的基础，把这些因素反映到模型当中。这种方法的优点在于可以预测因子的测量误差，且不需要限制个别观测变量的效果。其缺点在于虽然研究

者在研究中已经提前知道共同方法变异的来源，但是无法对共同方法变异的来源进行控制。使用变异来源的共同方法变异分析如图 13-4 所示。

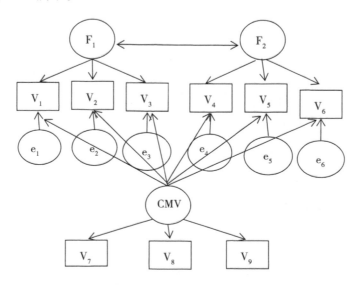

图 13-4　共同方法变异分析：使用变异来源的分析

　　第二种，不对共同方法变异的来源进行直接的测量，而是把共同方法变异作为其中的一个潜在变量进行分析。这时不需要对共同方法变异的来源进行直接测量，然而会存在一些问项识别上的问题。这时，模型当中的共同方法因子与指标之间的因子载荷值是通过 CMV 来进行控制的。不使用变异来源的共同方法变异分析如图 13-5 所示。

　　第三种，使用 MTMM 分析对共同方法变异进行分析。

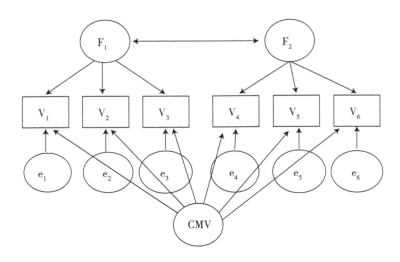

图 13-5　共同方法变异分析：不使用变异来源的分析

13.5　MTMM 分析

所谓的 MTMM 分析也称为多属性 – 多方法分析，多属性当中的属性是指满足、认知、感知等假设化的概念，而多方法当中的方法是指自我报告、数据挖掘、问卷调查等具体的测量方法。我们通过 MTMM 分析可以使用多种测量方法来对检验变量的集中效度和判别效度进行评价和检验，也可以把观测变量的属性效果与方法效果相分离。

例如，有（A，B，C）3 种属性和（1，2，3）3 种方法，假设自我概念这个属性分为社会自我（A）、学问自我（B）和肉体自我（C）；方法分为自我报告、老师传授和父母传授 3 种。通过这 3 种方法和 3 种属性，我们可以对模型实施多属性 – 多方法分析。这时，当多种属性是被同一种方法测量时，我们称之为三角相关矩阵（HTMM）；当使用不同的方法测量不同的属性时，我们称之为四角相关矩阵（HTHM）；当同样的属性由多种方法进行测量时，我们称之为集中效度。

当我们对 MTMM 相关矩阵进行分析评价时，需要满足以下几个条件。

第一，集中效度要大。通常情况下，我们所规定的集中效度要大于 0.6，并且要具有显著性意义。

第二，集中效度比 HTHM 的相关矩阵要高。

第三，集中效度比 HTMM 的相关矩阵要高。

第四，多属性之间的相关矩阵要与多方法之间的相关矩阵类似。

除此之外，学者 Campbell 和 Fiske 还提到了一些评价多属性 – 多方法分析的其他测评方法，其中最受关注的有属性相关 – 方法相关模型（CTCM 模型）、固有误差相关模型（CU 模型）、合成真稚模型（CDP 模型）等。下面，我们来介绍一下属性相关 – 方法相关模型（CTCM 模型）和固有误差相关模型（CU 模型），这两种分析方法都为 MTMM 分析的评价做出了一些贡献。

（1）CTCM 模型。CTCM 模型的分析需要满足以下几个条件。第一，为了对模型进行很好的识别，模型当中至少需要包括 3 种属性和 3 种方法。第二，T × M 的指标必须要构成 T × M 的潜在变量。第三，各个指标变量需要同时载荷到两个因子上。第四，各个属性因子和方法因子之间可以进行自由的参数估计，但属性因子和方法因子之间的相关关系需要固定为 0。第五，可以对指标的固有因子进行自由估计，但与其他指标的固有因子之间需要设定为 0，也就是不能有相关关系。

3 种属性和 3 种方法测量的 MTMM 分析的 CTCM 模型如图 13-6 所示。

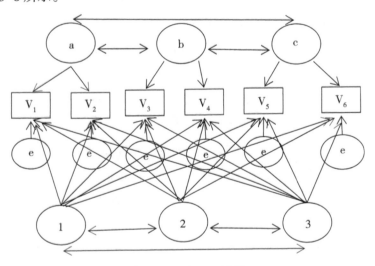

图 13-6 CTCM 模型

CTCM 模型的测量值变量需要与属性、方法和误差之间相连接，在 CTCM 模型当中容易出现标准误差非常大的现象，这是 CTCM 的缺点。

（2）CU 模型。为了弥补 CTCM 模型存在的问题，Marsh 在 1989 年的研究中提出了 CU 模型。CU 模型是在模型当中包含了属性因子，但是却没有包含方法因子，使用这种模型的前提是使用同样方法的固有误差测量值之间拥有相关关系。例如，假定 3 种属性和 3 种方法的 MTMM 矩阵在 CU 模型当中拥有 3 种属性，但没有 3 种方法，这时使用同样方法的各个测量值的固有误差与其他测量值的固有误差之间具有相关关系。属性因子之间具有相关关系，各个变量之间的因子载荷量进行自由估计。CU 模型如

图 13-7 所示。

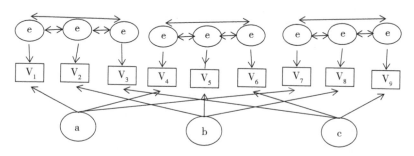

图 13-7　CU 模型

在 CTCM 模型当中是对于每个测量变量方法的影响力，即对方法因子载荷量的同类结构进行了条件性的假定，但 Marsh 在 1989 年的研究中认为此种对于同类结构的条件性假定是存在问题的，并且对这种问题提出了解决方案，Marsh 主张模型方法之间不需要设定相关关系，但需要对误差项之间的相关关系进行设定，这样就能够解决 CTMM 模型当中存在的同类结构问题。所谓的同类结构是指关于变量之间因子载荷值的大小，不进行必要的制约设定，对因子载荷值进行自由的估计。

关于 CU 模型的解释，除了方法效果以外，其他的解释都与 CTCM 模型类似。在 CU 模型当中，方法效果取决于误差项之间的相关关系。在 CU 模型当中，关于集中效度和区分效度的检验与 CTCM 模型当中的检验条件是一致的。例如，在 CU 模型当中，如果所有变量的因子载荷量都高于 0.6，显著性水平 p 值小于 0.05，就证明模型当中的变量与因子之间具有集中效度；如果模型当中的因子变量之间的相关系数小，就能够证明模型当中的变量与变量之间具有区分效度。

我们可以通过固有方差和公共方差来判断方法方差的效果。

如果误差与误差之间的相关系数高，就说明方法方差的效果不是很明显；相反，如果误差之间的相关系数低，就说明方法方差在模型当中起到了很强的效果作用。

模型当中的固有因子是由任意误差和方法要因相结合而构成的因子因素。CU 模型与 CTCM 模型不同的部分在于，CU 模型当中的方法因子不是以使用同一种方法的所有测量值为假定条件，而是以每一个测量值都有着不同的方法效果为前提条件，使用同种方法的测量值之间的公共方差有着相同的方法因子。

与 CTCM 模型相比，CU 模型有着以下优势。第一，与 CTCM 模型相比，CU 模型不会出现违反参数估计值的问题。关于这一点，Marsh 和 Bailey（1991）的研究中使用了 435 个 MTMM 矩阵，分析结果为违反参数估计值的结果不足 2%，所以 CU 模型能够保障参数估计结果的正确性。第二，CU 模型不会以方法的单一次元性为假定条件。这就意味着当属性与方法之间存在很强的相关关系时，共同的因素方差不会形成方法方差与属性方差之间的混合因素，即 CTCM 模型会以方法效果不会随着属性的变化而改变为假定条件，CU 模型则是以方法效果的多次元化为假定条件。例如，我们假设使用依存性和攻击性这两个属性来对小孩子和父母进行测量。在 CTCM 模型当中，父母会对小孩子的攻击性进行过度的评价，同样会对小孩子的依存性进行过度的评价。在 CU 模型当中，父母对于小孩子的攻击性可以进行过度的评价，但是也往往会对小孩子的依赖性给予过低的评价。

CU 模型相较于 CTCM 模型而言，具有以下几点劣势。第一，CU 模型相较于 CTCM 模型有着很高的因子载荷量和很好的属性之间的相关关系。这就会造成模型当中的属性之间有着很高的集

中效度，而属性之间的区别效度则很差。区别效度差就意味着两
个不同属性之间的概念是很模糊的，造成了变量之间的误差增大，
而且在回归分析和结构方程模型分析当中，需要删除其中一个属
性。第二，在 CU 模型当中，不可得知属性与方法之间的相互作
用效果。第三，CU 模型是以方法之间没有相关关系为假定条件的，
而这种假定条件与实际存在的社会科学资料数据是不相符的。

13.6　多层数据的中介和调节效应

在心理学、教育学和管理学等社科研究当中，经常会遇到
多层（嵌套）数据的中介效应，我们把这种中介效应称为多层
中介（Multilevel Mediation）效应。多层中介效应分析使得研究
者可以探讨多层数据中各层变量之间的影响关系，特别是在分
析组织层面的自变量对个体层面的因变量产生的影响关系时，
可以增强中介效应的解释力，这是单层中介效应无法做到的。
换言之，多层中介效应就是把数据分为多个层次——（上，中，
下）、（上，下），研究上层次的自变量是否会通过影响中间
层的中介变量而对下层次的因变量产生影响关系。因此，多层
中介效应的分析是近年来比较受欢迎的研究课题（方杰等，
2010；方杰、温忠麟、张敏强、任皓，2014；Preacher、Zyphur
和 Zhang，2010）。在 McNeish（2017）的研究中表明，近年来
研究者所研究的多层中介效应模型使用最多的是 2-1-1 中介模
型，如图 13-8 所示。图 13-8 中的 3 个数字依次代表自变量、
中介变量和因变量的层次，Level 2 代表层次 2，Level 1 代表层

次 1，以此类推。此外，在很多的学者研究当中也提到了 1-1-1 中介模型，这种中介模型就是我们熟知的传统中介模型。由于传统中介模型在本书的第 10 章已经详细地阐述完毕，在这里我们就忽略这部分内容，只对多层数据的中介模型进行介绍。

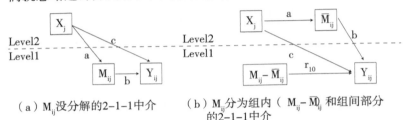

（a）M_{ij} 没分解的 2-1-1 中介　　（b）M_{ij} 分为组内（$M_{ij}-\bar{M}_{ij}$）和组间部分的 2-1-1 中介

图 13-8　多层中介模型

研究者在对多层中介效应进行检验时，当中介效应的标准化系数值为 0，在每次 Bootstrap 分析法条件下的 500~1000 次的重复抽样中，中介效应的区间估计不包含 0 的次数所占比例就是该条件的第 I 类错误率，第 I 类错误率的合理变化范围是 0.025~0.075，越接近所设定的标准 0.05，效果就会越好（方杰、张敏强，2012）。因此，在多层中介效应分析当中，Bootstrap 分析法所设的次数越多，所分析的结果越正确。

在对多层数据的分析当中，拥有着先前验证数据信息的贝叶斯检验的第 I 类错误率要明显小于其他的分析方法，偏差校正的参数 Bootstrap 分析法呈现出来的第 I 类错误率要显著大于其他分析方法，其他方法之间的第 I 类错误率的显著性差异不具有统计学意义。在 Miocevic 等人（2017）的研究当中，也证明了有着先前验证数据信息的的贝叶斯检验在分析多层数据时，很少甚至几乎没有第 I 类的数据错误率。另外，就第 I 类错误率掉落在 0.025~0.075 区间之外的次数而言，MC 分析法掉落区间之外的次数最少，有先前验证数

据信息的贝叶斯检验掉落区间之外的次数是最多的，而其他的分析
方法掉落区间之外的次数是适中而且相近的。

在 McNeish（2017）的研究中指出，贝叶斯检验将参数 a 和
b 看作一个随机变量，而不是看作一个具体的参数，因此在假设
验证当中，模型当中所需要被拒绝的原假设就几乎为零，而这时
分析出来的多层中介效应就为零。因此，这时的贝叶斯检验就不
太适合模型当中的第 I 类错误率的出现。由此我们可以得知，拥
有着先前验证数据信息的贝叶斯检验呈现出来的第 I 类的错误率
是不可以作为判断模型多层数据优劣程度的决定性因素的。

我们在对中介效应的分析过程当中，如果使用 Bootstrap 分
析法来验证模型当中的中介效应，通常会使用置信区间这个统计
概念。那么什么是置信区间呢？我们又如何使用置信区间来对模
型当中的中介效应进行检验呢？下面，我们一起了解一下。

所谓的置信区间是指由研究者收集的数据样本量构成的总
体参数的估计区间。在统计学研究中，一个样本统计量的置信
区间，是对模型当中估计的总体参数的区间估计。置信区间表
现的是总体参数值掉落在区间之内或者区间之外的程度，换言
之，就是被估计的总体参数的参数值可信程度。置信区间是一
种常用的区间估计方法，即由统计参数值的置信上限和置信下
限构成的区间范围。对于一组给定的样本数据，其平均值为 μ，
标准偏差为 σ，则其整体数据的平均值的 100（1-α）% 置信区
间为（$\mu - Z\alpha/2\sigma$，$\mu + Z\alpha/2\sigma$）。其中，α 为非置信水平在正
态性分布内的覆盖面积，$Z\alpha/2$ 即为对应的标准分数。置信区间
的宽度是值区间上限与下限之间的距离程度，区间之间的距离
宽度越窄越好。

对于一组给定的数据，定义 α 为测量对象，W 为所有可能的测量结果，X 为实际上的测量值，那么 X 实际上是一个定义在 α 上、值域在 W 上的随机变量。这时，置信区间的定义是一对函数 u（.）及 v（.），也就是说，对于某个观测值 X=x，其置信区间为：

$$[u(x), v(x)]$$

实际上，若真实值为 w，那么置信水平就是概率 c。

$$c=Pr[u(x) < w < v(x)]$$

其中，U=u（X）和 V=v（X）都是统计量（即可测量的随机变量），而置信区间因此也是一个随机区间：（U，V）。

模型中置信区间的计算公式取决于其用到的统计参数。置信区间是在预先确定好的显著性水平下计算出来的，显著性水平通常称为 α（希腊字母 alpha），如前所述，绝大多数情况会将 α 设为 0.05。置信度为（$1-\alpha$），或者 $100 \times (1-\alpha)\%$。于是，如果 $\alpha = 0.05$，那么置信度则是 0.95 或 95%，后一种表示方式更为常用。置信区间的常用计算方法如下所示。

$$Pr(c_1 <= \mu <= c_2) = 1-\alpha$$

其中，α 是显著性水平（例如，0.05 或 0.10）；Pr 表示概率，是单词 probability 的缩写。

$100\% \times (1-\alpha)$ 或（$1-\alpha$）指置信水平（例如，95% 或 0.95）；表达方式：interval（c_1, c_2）– 置信区间。

很多先行研究的结果表示拥有先前验证数据信息的贝叶斯检验得出的置信区间的宽度均比其他方法得出的置信区间显著地要窄。值得注意的是，除了有着先前验证数据信息的贝叶斯检验之外，在大多数情况下，MC 分析法的置信区间宽度都要略窄于有着先前验证数据信息的贝叶斯检验和 Boostrap 分析法。在 Preacher 和 Selig（2012）的研究当中也指出，在传统的中介效应分析中，MC 分析法的置信区间宽度要略窄于 Boostrap 分析法的置信区间宽度。

我们在每次实施 Boostrap 分析法的 500~1000 次的重复抽样时，最后得出的中介效应的参数估计值的置信区间范围如果大于置信区间估计的上限次数与小于置信区间估计的下限的次数之差称为中介效应的区间不平衡性，置信区间不平衡性越接近 0，证明中介效应的参数估计值掉落在置信区间之内的概率就会越大，得出的结果也会越准确。

在置信区间之间的距离不包括 0 时，有先前验证数据信息的贝叶斯检验得出的置信区间不平衡性比其他方法得出的置信区间的不平衡性要小，使用其他方法得出的置信区间之间的区间不平衡性是没有显著性差异的。

在对模型的中介效应的点估计进行分析时发现，有着先前验证数据信息的贝叶斯检验的相对均值误差在样本量相同的情况下，其估计参数的显著性都要明显小于其他分析方法。由此我们可以看出，贝叶斯检验的参数估计能力要优于其他分析方法，而且贝叶斯检验的分析结果与传统的简单中介模型得出的中介效应相似。最后，在对中介效应的置信区间估计得出的分析结果发现，有着先前验证数据信息的贝叶斯检验的统计参数估计能力是最高的，而且置信区间之间的区间不平衡性是最小的，置信区间之间的距离也是最窄的，这与传统的简单中介模型的分析结果也是类似的（方杰、张敏强，2012；Miocevic 等，2017）。因此，当收集的数据当中有着先前验证信息时，我们需要使用贝叶斯检验来对多层数据的中介效应进行分析。

有着先前验证数据信息的贝叶斯检验相较于其他分析方法的优势在于，能够轻易地获得最准确的点估计值和区间估计值，这与事先收集的数据有着密切的关系。先前验证数据信息通常情况下是来自先行研究，或者是通过元分析及研究者的经验得到的。有效的先前验证数据信息是先行研究当中研究者验证过的内容，其分析结果有一定的理论依据和数据依据，能够在很大程度上帮助研究者借鉴前人的研究成果，并且使得在进行中介效应分析时能够得出更准确的点估计值和置信区间估计参数值，能够在很大程度上有效地弥补样本量少、抽样误差大等不足（王孟成、邓俏文、毕向阳，2017；Yuan 和 MacKinnon，2009）。

另外，有效的先前验证数据信息的加入，还能够解决因为参数估计值的错误、标准误差的增大及负方差现象的出现造成的收敛不当的问题（Depaoli 和 Clifton，2015）。值得注意的是，我们在对模型进行贝叶斯检验时，为了避免先前验证数据信息的分布错误，可以使用敏感性检验（Sensitivity Analysis）来对数据的分布情况进行分析，即可以使用不同样本的先前验证数据信息，通过观察先前数据验证信息对后验分布的影响关系来判断模型的分布是否符合贝叶斯检验（王孟成等，2017；Miocevic 等，2017）。在 Miocevic 等（2017）的研究当中还建议先前验证数据信息的分布方差要大于前人的研究或是元分析得出的参数估计值的方差，因为先前验证数据信息的分布方差的大小体现了先前的研究者对先前验证数据信息的准确程度，之所以需要设置一个较大的方差，其目的在于避免由于方差过小而引起的关于误差的问题。

　　当先前验证数据信息不可得时，使用偏差校正参数的
Bootstrap 分析法的统计检验能力要略高于其他的分析方法，但会
出现在某种情况下第 I 类错误率被严重高估的现象，这就是在
先行文献当中经常提到的为了减少第 II 类错误率而刻意增大第 I
类错误率的现象（Fritz、Taylor 和 MacKinnon，2012）。还有先
行研究表明，在只包含潜在变量与观测变量之间的简单中介模
型分析当中，偏差校正参数的 Bootstrap 分析法在某些条件下的
置信区间覆盖率表现较差，即置信区间的覆盖率会很低，不如未
校正的参数 Bootstrap 分析法的置信区间覆盖率高（Biesanz 等，
2010）。

　　在 Fritz 等人（2012）的研究中明确指出，当不同分析方法
之间的参数估计能力相近时，就不需要用增大第 I 类错误率的方
法来提高模型的参数估计能力。因此，综合上述理由，在对传统
的简单中介模型进行分析时，我们推荐使用 Bootstrap 分析法。
但是，在对多层数据的中介效应模型进行分析时，不太建议使
用偏差校正参数的 Bootstrap 分析法。然而，在对多层数据的中
介效应模型进行分析时，无先前验证数据信息的贝叶斯检验、
MC 分析法和参数 Bootstrap 分析法 3 种方法的检验结果相似。因
此，我们会推荐研究者使用 MC 分析法来对多层中介效应进行分
析。理由如下：第一，MC 分析法的第 I 类错误率比其他几种分
析方法表现得更好，而且置信区间之间的距离相较于其他方法而
言会更窄；第二，MC 分析法可以不使用原始数据，而是使用公
共方差矩阵来对多层中介模型进行分析，这是 Bootstrap 分析法
和贝叶斯检验无法做到的（McNeish，2017；Preacher 和 Selig，
2012）；第三，MC 分析法可以使用 R-Mediaiton 软件包来对潜

变量的多层中介效应进行分析（McNeish，2017；Preacher 等，2010）。

如前所述，在心理学、教育学和管理学等社会科学研究当中，经常会出现关于多层（嵌套）数据的调节效应分析，称为多层调节（Multilevel Moderation）效应。例如，学校制度在教师授课水平与学生学习成绩之间起到了调节作用，收集的数据为多层嵌套数据。也就是说，教师嵌套于学校的两层结构，学校制度是在学校的层面上进行测量的，属于第二层；而教师的授课水平与学生的学习成绩都是在第一层上进行测量的。这种模型属于 $2 \times$（$1 \rightarrow 1$）调节效应（这 3 个数字依次代表调节变量、自变量和因变量的层次，数字 2 表示第二层次，数字 1 表示第一层次）。又如，组织文化在组织领导者能力与员工创造的业绩之间起到了调节作用，数据仍然是多层嵌套数据，是员工嵌套于公司的两层结构，组织文化是在公司的层面上进行测量的，领导者的能力和员工的业绩是在第一层上进行测量的。这种模型属于 $1 \times$（$2 \rightarrow 1$）调节效应。再如，员工与员工之间的人际关系在员工满意度和员工忠诚度之间起到了调节作用，模型当中的所有变量都是在员工个体层面上进行测量的，这种模型属于 $1 \times$（$1 \rightarrow 1$）调节效应。在先行研究当中，研究者经常使用多层线性模型（Multilevel Model，MLM）来对多层数据的调节效应进行分析（方杰、邱皓政、张敏强、方路，2013）。但是，多层线性模型存在一些不足，如多层线性模型将模型当中的所有变量均设定为观测变量，假设所有观测变量之间都不存在测量误差，因此这种假定会造成变量参数估计的偏差，使得分析结果偏离所估计的参数范围（方杰、邱皓政、张敏强，2011；方杰、温忠麟、张敏强、任皓，2014）。

　　多层结构方程模型（Multilevel Structural Equation Model，
MSEM）可以设置为潜在变量，这样就有效地控制了观测变量产
生的误差，是参数估计比较准确的方法。在使用多层结构方程模
型来对多层调节效应进行分析时，通常情况下使用最多的或者比
较常用的形式为 2×（1 → 1）调节效应模型，也就是嵌套数据
为 2 层数据，即自变量和因变量都是在基本层也就是第一层上进
行数据的测量，而调节变量是在第二层上进行测量的，也即根据
第二层上的数据的变化情况，第一层上的自变量对因变量会产生
怎样的影响关系。收集数据时，也需要从两个层面上进行。例如，
上述 3 个例子即需要分别在学校层和教师层、学生层，以及公司
层和员工层等两个层面进行数据收集。

　　值得注意的是，在结构方程模型软件 Mplus 当中是使用 LMS
分析法来对多层调节效应进行分析的。在分析时，Mplus 软件没
有提供常用的 RMSEA、CFI、TLI 等拟合度指数值，那如何来分
析基于 LMS 分析法的多层调节 SEM 模型呢？判断方法有两种。
第一种方法是利用对数 - 似然比检验（log–likelihood ratiotest），
可以根据 Mplus 软件分析结果当中的数值，计算 — 2LL 值（不包
含潜在调节变量的基本结构方程模型和包含潜在调节变量的多层
调节结构方程模型的似然比之间的差异），我们假定 — 2LL 值近
似呈现出 χ^2 分布，那么以 χ^2 分布的自由度为基准的结构方程模
型和多层调节结构方程模型之间的自由度之差，如果 — 2LL 值的
卡方检验结果具有显著性，那么就能够表明相较于基准模型而言
多层调节模型会更好（Klein 和 Moosbrugger，2000；Maslowsky、
Jager 和 Hemken，2015）。第二种方法是使用 AIC 指数进行判断，
如果 AIC 指数变小，那么就能够证明多层调节模型比基准模型更

好，因为 AIC 指数越大，就表示信息损失量越多（Sardeshmukh 和 Vandenberg，2017）。

多层调节分析方法的发展过程是一个追求更准确的调节效应估计值的过程。综上所述，多层调节分析方法经历了 3 个发展阶段。第一个发展阶段是将第一层的自变量进行平均值的中心化，将第一层的均值作为第二层的自变量进行分析，实现了第一层的自变量的组间数据和组内数据效应的有效分离，改变了之前将组间数据与组内数据混杂在一起的现象。第二个发展阶段是实现了多层调节效应的分解，改变了过去对多层调节效应不分解的现象。例如，$2 \times (1 \rightarrow 1)$ 多层调节效应可以分解为跨层次调节效应和 2 层调节效应两部分。第三个发展阶段是将群组之间的平均值设定为潜在变量，然后使用多层结构方程模型进行调节效应的分析，这种方式能够有效地控制数据当中的抽样误差，提高了多层调节效应的参数估计的准确性。

13.7　多层线性模型

多层线性模型是一种适合于分析多层结构数据资料的分析模型，在教育学、社会学、心理学、生物学等多个领域被称为多层线性模型或混合线性模型、无线回归模型等并得到广泛运用。多层线性模型起源于 20 世纪 60 年代，此模型最早开始在生物学和经济学等领域广泛使用，但由于当时多层线性模型在数据收集、统计方法和理论上等都存在一些缺陷，致使当时很少在其他领域普及应用。直到 20 世纪 90 年代，由于学者 Bryk 和 Raudenbush

（1992）发明了计算机软件，多层线性模型才开始逐渐普及。

多层线性模型是一种高级统计方法，主要在教育学领域使用，但由于统计的合理性和卓越性，它以社会科学为中心逐渐扩散到其他学科，如社会学、心理学、生物学等。由于行政学和政策学领域当中涉及的数据资料往往都具有包含学校和教授、班级和学生、共同体和个人、机构和公务员等数据的特性，因此作为政策学和行政学的研究方法，多层线性模型是非常实用的。

通常情况下，我们在分析当中如果分别从上位阶层和下位阶层获得数据，在分析说明变量与变量之间的影响关系时，把上位阶层的变量和下位阶层的变量全部包含在一个回归模型中，就会在统计学上发生各种问题。这时只能利用上位阶层的变量数据来构建模型，或者是只能用下位阶层的变量来构建模型。如果利用下位阶层变量的平均值去分析上位阶层的数据，那么分析的结果肯定会存在着很大的误差，也不能把上位阶层的结果当作下位阶层的结果来推测。这时我们就需要使用多层模型来对数据进行分析。多层模型包含 2 层、3 层等阶层的变量。例如，在分析教师的教育能力对学生的成绩产生怎样的影响时，我们不仅需要收集学生成绩有关的数据，还需要收集关于教师教育能力的数据，从而组合成 2 阶层数据模型。如果在 2 阶层模型的基础上再加上一个学校的制度，就会构建成 3 阶层模型，以此类推。

我们在对数据进行多层线性模型的分析时，需要注意以下几点。

第一，如果组间变量表示不完全值，则意味着组间的特性对因变量没有太大的影响，这时就不必使用多层线性模型。因此，我们在对数据进行分析时，首先需要了解运用多层线性模型是否妥当。这可以通过分析基础模型来判断其适用的合理性。一般认为，如果基础模型的群内相关系数（Intraclass Correlation Coefficient，ICC）值在 0.05 以上，或者在统计学上上位阶层的显著性有意义时，这时适用多层线性模型分析调查资料是合理的。

第二，样本量的大小。在 Kreft（1996）的研究中说明，总样本数量要达到 900 以上，才可以使用多层线性模型。还有的研究证明 1 级（Level 1）中的变量与采样数的比例必须是 1:20，2 级（Level 2）中的变量与组数的比例必须是 1:10 以上。目前还没有明确的指导方针，如果有足够多的群体，那么集体中的个人人数少一些也是可以的；但是，如果个人人数过多，那么集体人数就会少一些。

多层分析（Multilevel Analysis）是一种将不同水平的分析单位包含在一个模型中，使其能够同时推算出高阶参数（parameter）的统计方法。多层线性模型具有在最下位测量的从属变量，而说明变量可以看作是分析等级结构数据的一种回归模型。因此，在多层线性模型中，变量也是在线性关系的假设下形成的。比起现有的分析断层结构的统计分析方法，多层等级线性模型需要满足额外的条件，才能有效地对参数进行估计。多层等级线性模型还需要进一步遵循的假设是，在每个水平上计算出的残差平均为 0，并且应该是正态性分布。也就是说，不仅是低级水平的个人单位，在高级水平的地区单位中产生的残差也必须是正态性分布。此外，在多层等级线性模型中，我们假定在该区域中抽取的下位水平的样本是具有代表性的。

下面，我们来介绍一下多层线性模型的几种分析模型。

　　第一种，自由模型。所谓的自由模型是指不包含任何说明变量的模型，在模型中只包含第 1 阶层和第 2 阶层的误差项。因此，如果用图来表示自由模型，就会显示为没有倾斜度的一条水平线。自由模型与线性回归模型相比，两个模型的常数项都是只有一个，但自由模型的误差项却有两个。在自由模型当中，常量项 roo 代表了整个样本的平均值，而 uoj 则代表了第 2 阶层水平组之间的平均值，eij 代表了第 1 阶层水平组之间的差异。因此，如果用图来表示，则各组间平均的差异（uoj）以样本全体平均（roo）为中心上下平行移动。实际上，对群组之间（Between Groups）和群组内（Within Groups）之间的差异进行分析的原理和 ANOVA 方法的原理是相同的。因此，多层线性模型的自由模型也称为 One-way ANOVA Model。

　　自由模型当中出现的两个误差项之和（uoj+eij）对应着因变量的总方差，从总方差当中我们可以得知构成总方差的两个误差项的大小。因此，具有随机效果的分散性的组成部分可分为 1 级和 2 级，可以通过自由模型的公式计算出 ICC 值。群组内之间的关系（Intraclass Correlation Coefficient，ICC）是一种由群组间差异解释的自变量和因变量的总方差量。

　　下面是 ICC 值计算的公式。

$$ICC = \frac{\sigma_{u0}^2}{\sigma_{u0}^2 + \sigma^2 e}$$

　　ICC 值之所以重要，是因为在分析的各个水平投入的自变量具体能够说明或者解释多少关于因变量的方差，即通过在自由模型当中推断出的总方差，在以后各阶段投入的说明变量减少多少来判断说明变量的重要性和模型的适合性。另外，从自由模型的推测结果当中我们可以得知，如果第 2 阶层水平组的方差在总方差中所占比率非常小，那么第 2 阶层水平组的组间差异就不会很大，这就表明多层线性模型使用的合理性较小；而组间差异越大，越能够证明多层线性模型的显著性。通过总方差当中的群组之间的方差比率，我们可以判断多层线性模型的稳妥性。在社会科学领域，ICC 的值如果是 5%~25%，则视为模型具有稳妥性和稳健性；如果 ICC 值过低，低于 5%，则最好使用单一水平的线性回归模型。

第二种，随机截距模型。所谓的随机截距模型是指上层阶级水平具有随机效果的模型。随机截距模型与单一结构的线性回归模型相比，可以认为是根据较高层次的地区特性，推算出不同截距的回归方程式。在线性回归模型中，从属变量和说明变量之间的关系被认为是一个斜率和一个截距。而在随机截距模型当中，斜率是相同的；但在不同的群体当中，截距却存在很大的差异。因此，随机截距模型也称为方差分析和回归分析相结合的 One-way ANOVA 模型。

方差分析模型　　　　　　　　回归模型

$$Y_{IJ} = \beta_0 + \mu_{0j} + e_{ij} \qquad\qquad Y_{IJ} = \beta_0 + \beta_1 \beta_i + e_i$$

随机截距模型

$$Y_{IJ} = \beta_0 + \beta_1 X_{ij} + \mu_{0j} + e_{ij}$$

$$e_i \sim N(0, \sigma^2), \quad \mu_{0j} \sim N(0, \sigma^2)$$

$$i = 1, 2, 3 \cdots n \qquad j = 1, 2, 3 \cdots m$$

对于上述随机截距模型，参数的解释与单一水平的回归模型的解释是相似的。首先，随机截距模型的固定效应也是使用回归系数来表示，说明自变量 X 增加 1 个单位时，因变量增加多少个单位。另外，在随机截距模型当中，随机效应的解释与方差分析模型相同，即群组之间的方差差异明显要大于群组之内的方差之间的差异，群组之间的方差差异对应着第 2 阶层的变量，而群组之间的方差则对应着第 1 阶层的变量，两组之间的方差差异越大，意味着第 2 阶层与第 1 阶层之间存在的差异性越大，模型也就会越显著。

第三种，随机系数模型。随机系数模型不仅在各组之间的截距不同，倾斜度也不同，因此对说明变量的回归系数在各个组中的估计也有所不同。随机系数模型的原始模型如下所示。

$$Y_{ij}=\beta_0+(\beta_1+\mu_{1j})X_{1ij}+\mu_{0j}+e_{ij}$$

对上述公式进行一定的整理，得到以下公式。

$$Y_{ij}=\beta_0+\beta_1X_{1ij}+(\mu_{0j}+\mu_{1j}X_{1ij})+e_{ij}$$

固定效应：

$$\beta_0+\beta_1$$

随机效应（群体水平）：

$$\begin{bmatrix}\mu_{0j}\\\mu_{1j}\end{bmatrix}\sim N\ (0,\begin{bmatrix}\sigma_{\mu0}^2\\\sigma_{\mu01}\sigma_{\mu1}^2\end{bmatrix})$$

随机效应（个人水平）：

$$[e_{ij}]\sim N\ (0,\ \sigma_e^2)$$

在随机系数模型当中，随机系数模型的截距和对误差的解释与随机截距模型相同，但在随机系数模型中，β_1 表示的是一个整体平均的倾斜度，它是指所有群体在 x_1 增加到一个单位时 Y 值发生的平均变化量。在随机系数模型中，对随机效应部分的解释要比随机截距模型的解释复杂一些。

第四种，相互作用模型。在多层线性模型设置的最后阶段，如果需要建立一个模型，必须要考虑到模型水平间说明变量之间的相互作用（Cross-Level Interaction）。这是一个最复杂的模型，它考虑到了一级参数和二级参数之间的相互作用。相互作用的公式如下所示。

$$Y_{ij}=\tau_{00}+\tau_{p0}X_{\Pi j}+\tau_{0q}Z_{qj}+\tau_{pq}X_{ij}Z_j+u_{pj}+X_{\Pi j}+u_{oj}+e_{ij}$$

在多层次线性模型当中，该模型中最复杂的模型就是建立"水平相互作用（Cross-Level Interaction）变量"，即通过"1水平说明变量"和"2水平说明变量"的相互作用，创造出相互结合的独特形态的新变量。

从多层线性模型的公式来看，$\tau_{pq}X_{ij}Z_j$以同样的形式载入模型，但倾斜度rpq不是水平2模型中包括的独自影响因变量的变量，而是通过与水平1的自变量相结合的相互作用项来影响因变量。另外，水平1的说明变数对水平1的从属变数产生的影响，根据水平2变量的不同，其说明力也会有所不同。对于这样的水平相互作用模型，其对模型的解释比起其他模型而言是相对复杂的，对其结果的解释也是比较困难的。但是，由于水平1和水平2的说明变量结合在一起了，可以对从属变量产生协同效应，因此对于模型结果可以提供更加丰富的分析和解释。

参考文献

［1］方杰，温忠麟，邱皓政.纵向数据的中介效应分析［J］.心理科学，2021，44（4）:989-996.

［2］王婧，唐文清，张敏强，等.多阶段混合增长模型的方法及研究现状［J］.心理科学进展，2017，25（10）：1696-1704.

［3］温忠麟.实证研究中的因果推理与分析［J］.心理科学，2017，40（1）:200-208.

［4］张沥今，陆嘉琦，魏夏琰，等.贝叶斯结构方程模型及其研究现状［J］.心理科学进展，2019，27（11）:1812-1825.

［5］侯杰泰，温忠麟，成子娟，等.结构方程模型及其应用［M］.北京：教育科学出版社，2004.

［6］王济川，王小倩，姜宝法.结构方程模型:方法与应用［M］.北京：高等教育出版社，2011.

［7］王孟成.潜变量建模与 Mplus 应用：基础篇［M］.重庆：重庆大学出版社，2014.

［8］王孟成，毕向阳.潜变量建模与 Mplus 应用：进阶篇［M］.重庆：重庆大学出版社，2014.

［9］温忠麟，叶宝娟.中介效应分析:方法和模型发展［J］.心

理科学进展，2014，22（5）：731－745.

［10］王孟成，邓倩文，毕向阳.潜变量建模的贝叶斯方法［J］. 心理科学进展，2017，25（10）：1682－1695.

［11］Anderson J C，Gerbing D W. Structural equation modeling in practice: A review and recommended two-step approach［J］. Psychological bulletin，1988，103（3）：411-423.

［12］Andrich D. Rating formulation for ordered response categories［J］. Psychometrika，1978，43（4）：561-573.

［13］Andrich D. The application of an unfolding model of the PIRT type to the measurement of attitude［J］. Applied psychological measurement，1988. 12（1）：33-51.

［14］Barendse M T，Oort F J，Garst G J. A. Using restricted factor analysis with latent moderated structures to detect uniform and nonuniform measurement bias; A simulation study［J］. AStA Advances in Statistical Analysis，2010，94（2）：117-127.

［15］Benson J. Developing a strong program of construct validation: A testanxiety example［J］.Educational Measurement: Issues and Practice，1998，17（1）：10-17.

［16］Bentler P M,Chou C P.Practical issues in structural modeling［J］. Sociological Methods & Research，1987，16（1）：78-117.

［17］Bollen K A.Latent variables in psychology and the social sciences［J］.Annual Review of Psychology，2002，53（1）: 605-634.

［18］Boomsma A.Reporting analyses of covariance structures［J］. Structural equation modeling，2000，7（3）:461-483.

[19] Browne M W.An overview of analytic rotation in exploratory factor analysis [J] . Multivariate behavioral research, 2001, 36（1）: 111–150.

[20] Cheong J W.Accuracy of estimates and statistical power for testing meditation in latent growth curve modeling [J] . Structural Equation Modeling: A Multidisciplinary Journal, 2011, 18（2）:195–211.

[21] Cole D A, Maxwell S E.Testing mediational models with longitudinal data: Questions and tips in the use of structural equation modeling [J] . Journal of Abnormal Psychology, 2003, 112（4）:558–577.

[22] Chapelle C A.Validity in language assessment [J] . Annual Review of Applied Linguistics, 1999, 19: 254–272.

[23] Cizek G J.Validating test score meaning and defending test score use: Different aims, different methods [J] .Assessment in Education:Principles, Policy & Practice, 2016, 23（2）: 212–225.

[24] Deboeck P R, Preacher K J.No need to be discrete: A method for continuous time mediation analysis [J] .Structural Equation Modeling: A Multidisciplinary Journal, 2016, 23（1）: 61–75.

[25] Downing S M.Validity: on the meaningful interpretation of assessment data [J] .Medical education, 2003, 37（9）: 830–837.

[26] Falk C F, Biesanz J C.Inference and interval estimation

methods for indirect effects with latent variable models［J］. Structural Equation Modeling: A Multidisciplinary Journal, 2015, 22（1）: 24–38.

［27］Fritz M S.An exponential decay model for mediation［J］. Prevention Science, 2014, 15（5）: 611–622.

［28］Fritz M S, Taylor A B, MacKinnon D P.Explanation of two anomalous results in statistical mediation analysis［J］. Multivariate Behavioral Research, 2012, 47（1）: 61–87.

［29］Huang J, Yuan Y.Bayesian dynamic mediation analysis［J］. PsychologicalMethods, 2017, 22（4）: 667–686.

［30］Huang J, Yuan Y, Wetter D.Latent class dynamic mediation model with application to smoking cessation data［J］. Psychometrika, 2019, 84（1）: 1–18.

［31］Mitchell M A, Maxwell S E.A comparison of the cross-sectional and sequential designs when assessing longitudinal mediation［J］.Multivariate Behavioral Research, 2013, 48（3）: 301–339.

［32］Preacher K J.Advances in mediation analysis: A survey and synthesis of new developments［J］.Annual Review of Psychology, 2015, 66: 825–852.

［33］Von Soest T, Hagtvet K A.Mediation analysis in a latent growth curve modeling framework［J］.Structural Equation Modeling: A Multidisciplinary Journal, 2011, 18（2）: 289–314.

［34］Wang L, Zhang Q.Investigating the impact of the time interval selection on autoregressive mediation modeling: Result

Interpretations, effect reporting, and temporal designs [J].
Psychological Methods, 2020, 25 (3): 271-291.

[35] Wu W, Carroll I A, Chen P Y.A single-level random-effects cross-lagged panel model for longitudinal mediation analysis [J].Behavior Research Method, 2018, 50 (5): 2111-2124.

[36] Zhang Q, Wang L J, Bergeman C S.Multilevel autoregressive mediation models: Specification, estimation, and applications [J].Psychological Methods, 2018, 23 (2): 278-297.

[37] Zhang Q, Phillips B.Three-level longitudinal mediation with nested units: How does an upper-level predictor influence a lower-level outcome via an upper-level mediator over time[J]. Multivariate Behavioral Research, 2018, 53 (5): 655-675.

[38] Zhang Q, Yang Y.Autoregressive mediation models using composite scores and latent variables: comparisons and recommendations[J].Psychological Methods, 2020, 25 (4): 472-495.

[39] Bollen K A.A New incremental fit index for general structural equation models [J].Sociological Methods and Research, 1989, 17: 306-316.

[40] Baron R M, Kenny D A.The moderator-mediator variable distinction in social psychological research: Conceptual, strategic, and statistical considerations [J].Journal of

Personality and Social Psychology, 1986, 51（6）: 1173-1182.

[41] Bauer D J, Preacher K J, Gil K M.Conceptualizing and testing random indirect effects and moderated mediation in multilevel models: New procedures and recommendations [J]. Psychological Methods, 2006, 11（2）: 142-163.

[42] Carpenter J R, Goldstein H, Rashbash J.A novel bootstrap procedure for assessing the relationship between class size and achievement [J].Applied Statistics, 2003, 52: 431-443.

[43] Goldstein H, McDonald R P.A general model for the analysis of multilevel data [J].Psychometrika, 1988, 53（4）: 455-467.

[44] Hayes A F, Scharkow M.The relative trustworthiness of inferential tests of the indirect effect in statistical mediation analysis: Does method really matter [J].Psychological Science, 2013, 24: 1918-1927.

[45] Hox J J, Maas C J, Brinkhuis M J.The effect of estimation method and sample size in multielvel structural equation modeling [J].Statistica Neerlandica, 2010, 64（2）: 157-170.

[46] Jin J, Yun J.Three frameworks to predict physical activity behavior in middle school inclusive physical education: A multilevel analysis [J].Adapted Physical Activity Quarterly, 2013, 30（3）: 254-270.

[47] Kim N, Byeon S, Son Y.The mediating effect of academic

self-efficacy in the relationship between middle school students' perceptions of teaching competencies and math achievement: Using multi-level structural equation modeling [J].Asian Journal of Education, 2017, 18（2）: 365-387.

[48] Krull J L, MacKinnon D P.Multilevel mediation modeling in group-based intervention studies [J].Evaluation Review, 1999, 23（4）: 418-444.

[49] Krull J L, MacKinnon D P.Multilevel modeling of individual and group level mediated effects [J].Multivariate Behavioral Research, 2001, 36（2）: 249-277.

[50] Li X, Beretvas S N.Sample size limits for estimating upper level mediation models using multilevel SEM [J].Structural Equation Modeling: A Multidisciplinary Journal, 2013, 20 （2）: 241-264.

[51] MacKinnon D P, Lockwood C M, Williams J.Confidence limits for the indirect effect: Distribution of the product and resampling methods [J].Multivariate Behavioral Research, 2004, 39（1）: 99-128.

[52] MacKinnon D P, Williams J, Lockwood C M.Distribution of the product confidence limits for the indirect effect: Program PRODCLIN[J].Behavior Research Methods, 2007, 39（3）: 384-389.

[53] McNeish D.Multilevel mediation with small samples: A cautionary note on the multilevel structural equation

modeling framework［J］.Structural Equation Mo   deling: A Multidisciplinary Journal， 2017， 24（4）： 609-625.

［54］Mehta P D， Neale M C.People are variables too:multilevel structural equations modeling［J］.Psychological Methods， 2005， 10（3）： 259-284.

［55］Ogbonnaya C， Valizade D.High performance work practices， employee outcomes and organizational performance: A2-1-2 multilevel mediation analysis［J］.TheInternational Journal of Human Resource Management， 2018， 29（2）： 239-259.

［56］Palardy G J.High school socioeconomic composition and college choice: Multilevel mediation via organizational habitus， school practices， peer and staffattitudes［J］.School Effectiveness and School Improvement， 2015， 26（3）： 329-353.

［57］Pituch K A， Stapleton L M.The performance of methods to test upper-level mediation in the presence of nonnormal data［J］. Multivariate Behavioral Research， 2008， 43（2）： 237- 267.

［58］Pituch K A， Stapleton L M.Distinguishing between cross and cluster-level mediation processes in the cluster randomized trial ［J］.Sociological Methods & Research， 2012， 41（4）： 630-670.

［59］Prati G.A social cognitive learning theory of homophobic aggression among adolescents［J］.School Psychology Review， 2012， 41（4）： 413-428.

［60］Ryu E.The role of centering for interaction of level 1 variables in multilevel structural equation models [J] .Structural Equation Modeling: A Multidisciplinary Journal, 2015, 22 (4): 617–630.

[61] Shrout P E, Bolger N.Mediation in experimental and nonexperimental studies: New procedures and recommendations [J] .Psychological Methods, 2002, 7 (4): 422–445.

[62] Sobel M E.Asymptotic confidence intervals for indirect effects in structural equations model [J] .Sociological Methodology, 1982, 13: 290–312.

[63] Sun A, Xia J.Teacher–perceived distributed leadership, teacher self–efficacy and job satisfaction: A multilevel SEM approach using the 2013 TALIS data [J] .International Journal of Educational Research, 2018, 92: 86–87.

[64] Tofighi D, Thoemmes F.Single–level and multilevel mediation analysis [J] .Journal of Early Adolescence, 2014, 34 (1): 93–119.

[65] Weng L, Chang W.Does impression management really help? A multilevel testing of the mediation role of impression management between personality traitsand leader–member exchange [J] .Asia Pacific Management Review, 2015, 20 (1): 2–10.

[66] Lai K, Kelley K.Accuracy in parameter estimation for targeted effects in structural equation modeling: Sample size planning for narrow confidence intervals [J] .Psychological Methods, 2011, 16 (2): 127–148.

[67] Reise S P, Yu J.Parameter recovery in the graded response model using MULTILOG [J] .Journal of Educational Measurement, 1990, 27: 133-144.

[68] Rogers W M, Schmitt N.Parameter recovery and model fit using multidimensional composites: A comparison of four empirical parceling algorithms [J] .Multivariate Behavioral Research, 2004, 39: 379-412.

[69] S, Wu W.Using Monte Carlo simulations to determine power and sample size for planned missing designs [J] .International Journal of Behavioral Development, 2014, 38: 471-479.

[70] Vale C D, Maurelli V A.Simulating multivariate nonnormal distributions [J] .Psychometrika, 1983, 48: 465-471.

[71] Shrout P E, BolgerN.Mediation in experimental and nonexperimental studies: New procedures and recommendations [J] .Psychological Methods, 2002, 7（4）: 422-445.

[72] Sobel M E.Asymptotic confidence intervals for indirect effects in structural equations model. Sociological Methodology, 1982, 13: 290-312.

[73] Sun A, Xia J.Teacher-perceived distributed leadership, teacher self-efficacy and job satisfaction: A multilevel SEM approach using the 2013 TALIS data [J] .International Journal of Educational Research, 2018, 92: 86-87.

[74] Talloen W, Loeys T, Moerkerke B. Consequences of unreliability of cluster means and unmeasured confounding on causal effects in multilevel mediation models [J] .Structural

Equation Modeling: A Multidisciplinary Journal, 2018: 1-21.

[75] Tofighi D, Thoemmes F.Single-level and multilevel mediation analysis [J].Journal of Early Adolescence, 2014, 34 (1): 93-119.

[76] Weng L, Chang W.Does impression management really help? A multilevel testing of the mediation role of impression management between personality traits and leader-member exchange [J].Asia Pacific Management Review, 2015, 20 (1): 2-10.

[77] Zhang Z, Zyphur M J, Preacher K J.Testing multilevel mediation using hierarchical linear models: Problems and solutions [J].Organizational Research Methods, 2009, 12 (4): 695-719.

[78] Lai K, Kelley K.Accuracy in parameter estimation for targeted effects in structural equation modeling: Sample size planning for narrow confidence intervals [J].Psychological Methods, 2011, 16 (2): 127-148.

[79] Reise S P, Yu J.Parameter recovery in the graded response model using MULTILOG [J].Journal of Educational Measurement, 1990, 27: 133-144.